創新商機
創好

強化
品牌優勢的
未來獲利策略

王福闈 ◆ 著

推薦序 1

創新，
讓你的企業永遠
不會停止轉動！

民間企業　資安主管
漢聲廣播電台　主持人
　　　Simon 侯信恩

推 薦 序

　　第一次接觸到福閩老師的書《愛與戀：從談情說愛洞見品牌新商機》時，當下為之驚艷！書中竟能將多面向、多元化的議題，用輕鬆、平實的筆觸，毫不費力的娓娓道來；這正應驗了魚樵的一句話：「你必須很努力，才能看起來毫不費力。」

　　老師從自身親自落實行銷，以身作則的塑造個人形象，不論去哪裡，都是以西裝正裝出席，就連假日來電台錄音也是一樣，如此的堅持讓我們深刻明白，經營一個品牌是沒有假期的，一旦鬆懈了，造成的後果將難以挽回。

　　從這本《創新好商機》一書，你將學到如何在這個充滿競爭和變化的時代創造出有吸引力、有價值、有影響力的商業模式，讓你的品牌能夠在市場脫穎而出，贏得消費者和商業夥伴的信任和支持。並了解如何運用品牌行銷的創意，來創造出一個令人驚喜、記憶並樂意分享的品牌體驗，達到品牌行銷的目標和使命。

　　講到這，大家都會聯想到協助品牌亮相的代言人，在福閩老師的書中分析，品牌代言人大致可分為七大類，包含：企業創辦人及高階經理人、專家學者、知名演藝人員、網路社群紅人、特定領域的傑出者、指標性消費者，以及虛擬人物等。代言人既能帶來光環，也有可能因代言人的負面新聞而對品牌造成衝擊，因此品牌在選擇代言人時，勢必要做好功課。這也是這本書要分享給您的內容之一。

　　其他還包含了快閃店、代言人效益、品牌象徵物、品牌周邊、異業結盟和連鎖加盟等多種方式，如何才能提升品牌的知名度、信任度和忠誠度，並創造出獨特的品牌個性和形象，也是不可錯過的精彩內容。還有還有，福閩老師用苦口婆心的筆觸，教你如何運用打卡評論、團購和會員經濟等方式來激發消費者的購買動機和行

為,並增加消費者的黏著度和回購率。利用透過滿足消費者社交、節省等專屬需求,設計具吸引力的價格、優惠和獎勵服務,來創造出買賣雙贏且讓消費者有歸屬感的忠誠關係。

此外,如何運用並實踐 ESG 與綠色行銷的重要性,如何運用網紅經濟、直播和短影音等方式來傳遞品牌對環境、社會和公司治理的責任與承諾,藉此吸引影響更多股東與消費者支持參與品牌的公益活動貢獻社會,實現「品牌要永續,形象要永固,創新不中斷,企業永流傳」的美好願景。

說到這,各位看倌是不是手癢想迫不急待打開書本了呢?除了閱讀書本上的文字,也可以收聽福闓老師在漢聲廣播電台《不只是科技》節目「闓老編的產業小屋」單元(Podcast 同步播出)獻「聲」說法。歡迎各位看倌一邊看書、一邊收聽,我們空中見!

I like radio
中廣流行網
《人來瘋之
　　江太來了》

**主持人
江太**

熱情推薦！

推薦序 2

這劑品牌行銷大補帖，來得正是時候！

郭元益食品　副總經理

郭建偉

推　薦　序

　　初次認識王福闓老師，是受邀上老師的廣播節目——佳音電台《闓闓而談》聊聊品牌對應當代消費市場所做的調整與翻新。在談訪中，老師提及不同的行銷案例時可說是旁徵博引，如數家珍。近年，隨著數位時代的資訊流通越來越快速，閱聽環境越來越多元，如何向消費者傳遞品牌訊息——對每個品牌管理者而言，都是全新的挑戰。

　　老師在新書中彙整了林林總總不同的創新行銷方式與觀念想法，對於品牌管理者來說，這本《創新好商機》真可說是一劑適時的大補帖！對我自己而言，背負著品牌歷經三個世代的重責大任，如何持續透過創新行銷向大眾傳遞品牌的變與不變，既是我對自己的期許，也是我一輩子的任務。

推薦序 3

成為新創者的
最佳夥伴！

中華文創展拓交流協會
理事長

柯建斌

推　薦　序

　　我過去十年都在商業服務業的公協會服務，與王福闓老師有許多的合作。老師擁有豐富的產業經驗和趨勢洞察力，多年來協助產業提供了許多有價值的市場分析、產業動態和輔導資源。除了幫助協會舉辦各種形式的研討會、工作坊與輔導課程，也提供產業各種培訓課程和諮詢服務，協助新創者提升管理能力和困境的解決方案。

　　新創企業在發展初期通常面臨許多的困難，包含了融資方面的困難、市場競爭、難以吸引優秀人才、技術與產品開發、市場推廣和銷售、缺乏法律專業知識和資源以及技術創新、產品開發等等方面的挑戰。特別是在初創階段，缺乏足夠的資金來支撐業務營運、研發創新和市場推廣等活動。

　　新創企業面臨著多方面的挑戰，需要克服種種困難才能夠取得成功。在這個過程中，尋求適當的支援和輔導資源，如政府部門、公協會、加速器、孵化器等，可以幫助新創企業解決問題、提升能力，加速成長和發展。

　　在台灣，政府推動創新並挹注了許多產業輔導資源，旨在促進產業創新、提升國家競爭力，鼓勵創業精神。包含了致力於推動科技創新及研發投資的科技部，提供各項研發補助、技術合作計畫、科技園區支援等資源，協助企業、研究機構進行創新研究。除此之外，政府也推出多項創新創業政策與計畫，例如創新研發專案補助、創新創業育成計畫等，以提供資金、場域、專業資源等創新支援。

　　經濟部負責推動產業發展與創新，提供創業加速器、產業升級計畫、產業創新研發計畫等支援，協助新創企業成長與發展。而自2023年改組後，自原名經濟部中小企業處升格為中小及新創企業

署,更著力於提供中小企業創新研發計畫、技術轉移、國際市場拓展等支援,協助中小企業提升競爭力。連鎖加盟產業的主管機關商業發展署,延續提供中小企業創新研發補助計畫。

在 ESG 議題上,政府也提供了相應的輔導資源,以期推動企業社會責任、永續發展等方面的工作。包含積極推動永續發展目標,鼓勵企業將 SDGs 納入其業務策略和運營管理中。政府提供相關諮詢、培訓和資源,協助企業理解和落實 SDGs。

除此之外,政府機構也提供 ESG 報告指導,協助企業建立符合國際標準的 ESG 報告機制,加強企業透明度和責任管理。提供各種環境保護和能源效率相關的補助和輔導資源,鼓勵企業實施環境友好型的生產方式和能源節約措施。開展各種社會責任專案,例如支援弱勢群體、推動教育、促進文化和藝術發展等,鼓勵企業參與社會公益活動。

在公司治理與透明度提升的部分,政府推動企業良好的治理機制,提升企業的透明度和信任度。政府部門提供相關的培訓、指導和監管,幫助企業建立健全的內部監督機制。

最後,我想再次強調對王福闓老師新作《創新好商機》的熱情支持與推薦,我相信這本書將會帶給您的不只是寶貴的創新與 ESG 理論框架,尤為珍貴的是王老師多年產業輔導的實戰經驗與解決方案分享。希望你也跟我一樣期待這本書。

推 薦 序

推薦序 4

貼近時代脈搏的品牌行銷指南

Soti Atelier ／ GM

Naomi Ma

推 薦 序

　　過去，高端品牌喜歡以封閉式 VVVIP 方式行銷，強調獨特性和神秘感，這在一定程度上建立了品牌的高級形象，吸引了消費者的目光。然而，近幾年來，品牌行銷的焦點逐漸轉向年輕消費族群，強調品牌形象的實體活動，如快閃店一間接一間的開，這種接觸性高、品牌個性鮮明、期間限定的行銷策略成為了品牌行銷的新重點。

　　隨著社會的快速變遷和資訊的碎片化，簡短的影音成為了最快速、最有效的溝通方式之一。在這樣的時代背景下，《創新好商機》這本書呼應了品牌行銷的新趨勢，提供了對於品牌形象、關係行銷、數位應用和 ESG（環境、社會、企業治理）等話題的深入探討。

　　尤其值得一提的是，ESG 話題近年來正夯，每個品牌都不能置身事外。綠色行銷不僅是一種新趨勢，更是品牌行銷的新方向。從國際規範到如何落實，這些都是本書中的關鍵話題，讀者可以從中找到新的切入點，獲得對於 ESG 的更深層次的理解，並探討如何將這些理念融入品牌行銷策略中，為品牌帶來更多的價值和意義。

　　總而言之，《創新好商機》不僅是一本關於品牌行銷的書籍，更是一本貼近時代脈搏的指南。它不僅提供了對於品牌行銷新趨勢的觀察和分析，還為讀者提供了實踐的方法和策略，助力品牌在競爭激烈的市場中脫穎而出，贏得消費者的青睞和信任。

推薦序 5

迎向改變，
找到
創新好商機！

中興大學食品暨應用生物科技學系
特聘教授

謝昌衛

推 薦 序

　　過去台灣在代工及生產能力具有競爭優勢,製造業發展蓬勃,然而隨著中國大陸及東南亞低廉勞資的競爭下,傳統產業逐漸式微。

　　「世界唯一不變的事情就是改變!」

　　在快速變化的市場趨勢下,創新是搶佔市場及避免被淘汰的重要觀念。許多企業心力灌注在技術開發、員工照護等競爭力提升,然而如今,世界逐漸發覺永續經營的重要性。如今,ESG 受到眾人注目,從政策、股市、企業形象等處皆可看到其出現,那麼在追求創新的同時,ESG 該如何兼顧?

　　本書將企業創新與永續解成五個部分,讀者可以依循作者的脈絡,從品牌行銷的角度切入,進一步擴大加盟、關係行銷、數位資源應用與結合 ESG 的永續觀念發展新機會。引導讀者發展創新思維方案,擴大屬於自己品牌!

推薦序 6

創新有道，
　　穿越
品牌行銷迷宮！

明志科技大學數位行銷設計學程
副教授兼學程主任

孫儷芳

推　薦　序

　　福壘老師總是一身西裝筆挺、帥氣形象出現在品牌行銷的戰場上，憑藉著多年的實戰經驗加上深厚的行業洞察，大師帶著他的最新力作再次登場。品牌行銷就像是一場充滿未知可能性的奇幻冒險，沒有絕對的方向，只有迷離的路口和隱藏的商機，好在這趟旅程中有大師的《創新好商機》可以引領我們前行。

　　創新有道，書中福壘老師拿著領航的羅盤，為我們解鎖各種創新工具，並成功的將創意商機注入品牌行銷的每個細節。書中涵蓋的範疇豐富多樣，從快閃店、代言人效益、品牌象徵物、品牌周邊、異業結盟、連鎖加盟、打卡評論、團購、會員經濟、ESG 與綠色行銷、網紅經濟、直播、短影音等等，這些近年來嶄新且引人注目的商業實踐都在書中一一呈現。每一個章節都像是品牌行銷迷宮中的探險標誌，等帶我們去發現與挖掘，一起穿越品牌行銷的迷宮，探索無盡的商機之門。

　　《創新好商機》是一本不可多得的品牌行銷指南，從書名更是可以看出福壘大師對商機創新的堅定信仰。讓我們一同跟隨大師的創新之道，穿越品牌行銷的迷宮，發現更多商機的可能性。

推薦序 7

手持書卷＋專業教程，找到屬於你的「創新好商機」

財團法人中國生產力中心

教育訓練服務組　正管理師

陳雅鈴

推薦序

　　在這個快速變化的商業世界，創新已經成為了企業和品牌持續成長的關鍵動能。在《創新好商機》文中深入剖析了從品牌行銷創意、快閃店、代言人效益，到品牌象徵物、品牌周邊、異業結盟等多種獨特且富有創意的商業策略。同時探討如何通過連鎖加盟、打卡評論、團購以及會員經濟等方式，有效地擴大市場份額並提升品牌認知度，幫助行銷人員在競爭激烈的市場中脫穎而出，提升營業績效。

　　隨著社會對環境議題的關注提升，ESG已經成為了現代企業的重要考量因素。〈ESG與綠色行銷〉將ESG的理念融入綠色行銷策略，並以此提升品牌形象和增強消費者信任。此外，結合網紅經濟、直播和短影音等新型行銷方式，成為面對新時代的市場過程中的重要角色。在追求商業目標的同時，也能同時對社會和環境作出貢獻。

　　以上的相關詳細內容王福闓老師都有在CPC中國生產力中心開立行銷、社群經營系列課程，非常歡迎喜愛福闓老師的粉絲們一起來學習探索創新商機的新世界，並且在對社會和環境作出貢獻的同時，實現企業的永續經營。

推薦序 8

我記者生涯的品牌趨勢行銷導師

前年代壹電視　記者／主播

周芸

推薦序

　　在採訪工作上，我時常向老師請教各式議題，無論是消費層面的觀察，像是品牌進駐展店，或是創新轉型、行銷策略等，以及特殊節慶雙十一可能衍生出的消費陷阱爭議等等，甚或是任何品牌行銷相關的時事趨勢，老師總能第一時間親切的為我提供解答，更願意進一步深入剖析分享自己獨到的觀察與見解，讓我在採訪工作的過程中，學習到看待事物時抱持更寬廣的眼光，也能因此獲得更多省思；這對我的工作及人生經歷，受益無窮。

　　不只侷限於品牌行銷的工作上，老師也時常在新聞事件發生的第一時間發布各式文章，緊繫時下潮流，包含餐飲業缺工潮、零售業發展等，就連愛情行銷也涵蓋其中，面向多元。另外，不能不提到老師的前一本著作《食與慾》，老師從貼近庶民生活的飲食角度切入，不僅題材豐富，各類型的時事趨勢都有，大大幫助了我對行銷溝通有更深入的認識。

　　十分恭喜老師今年要再推出新書，真的令人非常開心，也很榮幸自己有機會參與其中，能擔任新書的推薦人。這本《創新好商機》書中內容結合了創新與行銷的各種面向，相信在閱讀過後，能帶給讀者全新的啟發與豐富的收穫！

推薦序 9

把握每一次創新的行銷機會，成功，指日可待！

台視新聞　記者兼主播

李素瑜

推薦序

　　任何企業品牌行銷，無非是要透過宣傳、推廣，打動目標族群，進而促進商品或服務的銷售。但行銷方式百百種，尤其在競品日益增多的時代，該如何透過「創新行銷」，走出獨一無二的路、進而搶攻市場大餅？我想，透過這本《創新好商機》，讀者應該都能找到自己滿意的答案。

　　創新行銷，在某種層面上，跟時事議題的扣合，相當關鍵。而王老師，總有精準的雷達，能夠在第一時間察覺到時下的新議題，並分析各企業的行銷手法。該如何抓準時機、掌握流量密碼、創造話題，他更是有自己獨到的見解。

　　創新行銷的每一次嘗試，都是一種考驗。如何藉此創造新商機、帶領品牌經營，走向更廣闊的路？這本書，絕對值得你繼續往下翻頁，勢必有不小收穫。

推薦序 10

AI 浪潮重塑
新世代消費者,
創新行銷
成企業生存命脈

NOWnews 今日新聞
政經生活中心副主任／資深財經記者

許家禎

推薦序

　　科技日新月異、抖音與短影音的興起,再加上疫後社群平台成為顯學,消費者行為一變再變,對應到零售市場行銷可說是百花齊放,也能稱之為眼花撩亂,許多過去理所當然的行銷方式與策略已經無法滿足社會大眾,品牌究竟該如何出奇制勝?如何掌握趨勢先機而不被浪潮擊倒,已成為企業刻不容緩的「必修課程」。

　　尤其在 AI 科技大爆發的時代、軟硬體升級之下,大眾心理已悄悄改變,進而影響消費行為,企業面臨詭譎多變的消費環境,是危機也是轉機。因沒人發覺而藏著遍地機會,但一不小心也可能因不熟悉前路而摔個粉身碎骨,因此創新行銷不僅是必修課,更是品牌生存的命脈。

　　王福闓老師在業界與學界多年,擁有豐富的理論與實務經驗,具有細膩敏銳的觀察力,即便對旁人來說,他總是「職業病」的紀錄日常生活中的每個時刻,但樂此不疲也讓他總能洞察先機、早其他人一步預測到趨勢與商機。

　　說個小秘密!在學校裡,王福闓老師可是位「大刀教授」、學生口中恐怖的當人大魔王。但幸運的是,你我不用想破頭、花上大半年的時間做報告,就能收成他心血集結成書的創新行銷趨勢大未來,相信閱讀後的你必定會心滿意足、收穫滿滿,面對瞬息萬變的未來、甚至可能逆風的那一天,都不再無助與徬徨。

推薦序 11

喜新厭舊的年代中,創新成為突破商機!

TVBS 記者

林莉

推　薦　序

　　在成為記者之前，還是大學生的我，聽到有王福闓老師的學分要修，一定先到旁邊盤算該如何退選，因為聽聞老師是出名的嚴師，儘管每堂課的 CP 值都超高，還是會怕怕的；工作之後，再碰到老師，才發現學生時期真不會想，對於記者來說，王老師就是我們最喜歡遇到的受訪者，總是能在每次的採訪議題中，以最精闢的語句講出會讓人「哇！」的內容，淺顯易懂，而且總是能突破盲點。

　　現今社會中，人人都得必備創新思維，學習需要創新、記者報導新聞需要創新、設計師更需要不斷產出創新靈感；當然，行銷也需要創新，在這個喜新厭舊的時代，快閃店或是突然竄出的新商品，都來自團隊的行銷創意。

　　對於商家、業者來說，這個創新突破創造多少產值？得到多少營利？就會是個好行銷；好的創新行銷，勢必得考慮到代言人、象徵吉祥物、品牌周邊、延伸到如何連鎖加盟、異業結盟、以及消費者端是否願意打卡評論等；對我來說，都能是創新好商機。王福闓老師這次的新書，從一開始的發想，掌握品牌行銷創意，到試水溫的快閃店、品牌周邊，相信不管是學生、上班族，還是各類讀者，都能從書中，找到適合自己的方向。

推薦序 12

新創者的
福音教戰手冊

台灣服務業發展協會

祕書長

章文敏

推薦序

　　恭喜王福闓理事長又出書了！

　　高爾基說過：「書是人類進步的階梯。」而我更覺得，書是人類最好的朋友及最好的老師。

　　在此為各位推薦今年度最不容錯過的一本好書《創業好商機》。

　　這本書將會啟發中小企業及創業家，在當今競爭激烈的商業環境中，如何積極創造競爭優勢。

　　書中深入探討各種創新商機，透過這些策略和方法，使企業可以在多變的市場中保持競爭力。更難能可貴的是，此書精準到位，且又淺顯易懂，非常適合行銷人及創業家參考學習。

　　感謝王福闓理事長將多年累積的經驗化為教戰手冊，突破常見的盲點，提供完善解決之道，非常值得讀者們參考學習！

推薦序 13

跟上瞬息萬變的市場腳步,找到新藍海!

品八方 & 達人嗑鴨
品牌主理人

李榮閔

推　薦　序

　　經營者往往忽略市場快速變化，導致錯過改善營運，與轉型的契機。在資訊快速發展的時代，這本《創新好商機》推薦給擔心腳步無法跟上市場或不知如何使用工具的你，藉由書中實際操作方式，找出創新好商機。

　　王福闓老師憑藉多年的品牌行銷企業輔導經驗，與長期觀察市場之心得，出版了《創新好商機》一書，藉由此書帶領分享新創者參考實務操作，善用新時代的行銷工具，在競爭激烈的市場中找到創新的商機，尋找新的藍海市場。我誠心將這本書極力推薦給大家！

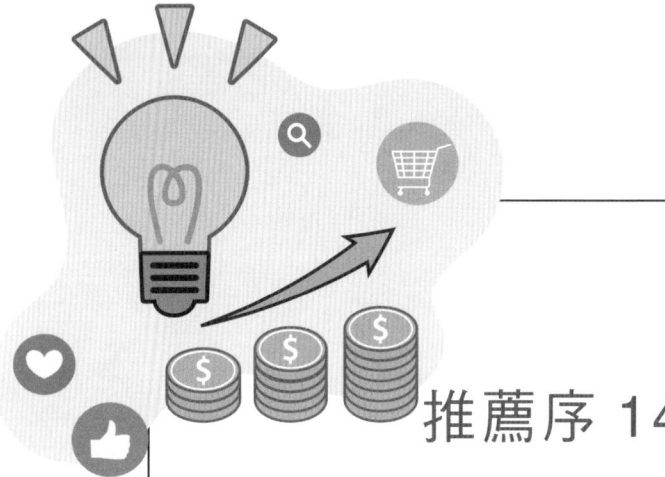

推薦序 14

為視障朋友打造創新服務,讓我們獲得肯定!

社團法人台北市視障者家長協會
資源發展處處長

周美汝

推薦序

全球進入網路佈局時代，掌握最新行銷技巧刻不容緩，然而每個人都在探索「Know-How」，想知道如何運用這股力量來賺錢之際，這股力量的背後思維、本質、使用原因等「Know-Why」或許更加重要。在非營利組織服務近 30 年的我，深知創新與行銷不能只著墨在利益本身，而須放眼更高的價值，如服務精神、服務對象的需要，然後才是創新品牌、結盟、行銷手法與數位技術。

社團法人台北市視障者家長協會在視障領域扎根，創新服務正是我們歷經 28 個年頭而不衰的關鍵。

在服務上，我們考量視障與視多障朋友的需要，成立了日間照顧的視障生活重建中心暨社區工坊，提供社區適應、定向行動訓練、簡易家事、休閒文康、工作準備等項目；打造了音樂發展中心，為視障音樂家製作專輯、促成視障原創劇本並演繹的音樂劇；開辦了視障調香，協助學員考取國際芳療證照，在與明眼人競逐下，獲得肯園最大賞，並受國立歷史博物館青睞，設計代表台灣的精油，名揚海外；同時搭配視多障學員研發的擴香石，將視障議題與潛力帶進社區，義賣增加了學員的額外收入與協會服務經費。此外，我們也發起藝術創作班、舉辦畫展，與百年茶行嶢陽合作，將圖案設計成禮盒包裝。

為彌補視障閱讀的不足，我們加強推廣了雲端千眼閱讀平台，提供書籍客製化；強化與監察院、臺馬輪、公園、博物館等機構的合作委託，製作 2.5D 列印位置平面圖、雙視觸摸圖冊，讓視障朋友的生活越來越不受限。今年企劃再進一步，開始讓企業進用視障調香講師，及主動培訓英語視障導覽講師，因著以上種種突破，協會在去年與企業的競逐中脫穎而出，榮獲第八屆台灣創新服務獎，苦心終於被看見。

我們在創新的道路上不斷前進，行銷居功厥偉，例如發展了異業合作，代言人邀約，在自媒體經營上切入 ESG 議題，加強與世界的聯繫，電子報、網紅分享、直播和短影音都納入策略，感謝福闓院長始終在協會最需要的時刻伸出援手，親切指導，不遺餘力，甚至同意拍攝短影音、按讚分享來支援宣傳⋯⋯

　　何其有幸，能有創新活字典的好友王福闓老師作為公益服務的堅強後盾，上述簡短幾句文字仍無法詳述他的智慧與魄力，各位還是買書支持，看書吧。

推　薦　序

推薦序 15

推薦這本行銷創新和永續發展的珍貴之作

三立新聞　文字記者

柯佩瑄

推 薦 序

　　採訪時每當遇到困惑的行銷專業知識時，我都會向王福闓老師尋求啟示和指導，他每每都能以深入淺出的解說完美解答我的問題。

　　這是非常值得一讀的一本好書！涵蓋了豐富的行銷知識，像是如何打造品牌形象、擴展連鎖加盟店、建立良好的客戶關係；還有一個很重要的話題，就是企業在環境、社會和管理上的責任ＥＳＧ議題。除此之外，書中還介紹了一些數位媒體在行銷中的應用，這對現代企業來說非常重要。老師善於將複雜的概念，以淺顯易懂的方式講解，必定能使讀者打下堅實的行銷基礎。

　　由衷的推介這本《創新好商機》，這不僅是一本行銷指南，更是一本關於行銷創新和永續發展的珍貴之作，相信它將為您帶來新的思考和啟示。

推薦序 16

持續創新，
重獲生機！

君彩形象　執行總監
新世紀形象管理學院
形象大使團　團長

陳俞君

推薦序

「創新」是瞬息萬變社會中,需要不斷跟進的腳步。

猶記研究所第一堂課「創新教育」,創新代表著「新奇但需有價值」,如何兼顧耳目一新的體驗觀感,且兼具價值與意義,是各行各業需要思考並邁進的方向,在消費行為模式不斷改變的同時,這本書,可帶來營運的靈感,行銷模式的創新。

在形象管理領域深耕多年,從國際禮儀、彩妝訂制、服裝穿搭、色彩鑑定等,由內而外的形象諮詢與教學,亦是需要隨著世代的變遷與時俱進的調整,包括樂齡人士的橘色商機,Z世代的掘起等,教學越具創新與聚焦,更能精準吸引不同學習族群的目光。

經過疫情的洗禮、AI人工智慧的衝擊與ESG綠色議題等,各產業固有的行銷模式也許已不敷使用,王福闓老師從《獲利的金鑰》、《節慶行銷力》、《元行銷》、《愛與戀》、《食與慾》、《獲利新時代》等多本著作後,又以《創新好商機》帶領不同產業,重新思考與決策,從品牌代言人選擇、銷售模式的轉變、綠色行銷的商機與生機等等,對於行銷能有全新的思維,創新的點子,在此誠摯推薦。

推薦序 17

創新，
帶你邁向成功！

國立教育廣播電台《夢想俱樂部》
節目製作暨主持人

梁燕玲

推薦序

　　和王福闓老師的首次接觸始於2022年的電臺訪問！當時在節目中，老師所分享的是《元行銷》這本著作。在訪談的過程中，除了能夠感受到王福闓老師對於銷售市場的敏銳度，其流暢生動的表達能力、精闢專業的解析風格，著實令人印象深刻。之後，每當老師出版新著作，我的廣播節目也必定邀訪，而每一次的訪談，總能讓聽眾們如獲至寶、收穫滿滿！

　　此次，燕玲要為大家推薦王福闓老師的最新作品，關於創新和商機的寶典《創新好商機》。在這個快速變化的時代，創業家和企業家們都面臨著無數的機遇和挑戰。這本書搭配時事、探討了創新的本質和如何在現代商業環境中發現和利用新的商機。不僅提供了一個全面而實用的框架，也幫助讀者從概念到實踐，創造出真正具有競爭力的品牌形象和服務。

　　創新是現代企業成功的關鍵，而不斷創新是保持領先地位的重要前提。王福闓老師透過敏銳的觀察力、深入的洞察力，探索了現代商業環境中的創新和商機。

　　如何從競爭激烈的市場中脫穎而出，並在充滿挑戰的經濟環境中獲得成功？這本書所提供的內容與方法，將幫助我們把理論轉化為實際行動，突破迷思、邁向成功！

　　如果您是一位想要創業或是希望在現有事業上創新發展的人，這本書都將成為你不可或缺的指南和靈感來源。相信它將為你帶來無盡的商機和邁向成功的動力！

推薦序 18

創新
讓腦袋革新，
能創造出
更好的商機！

智樂活樂齡活動社群
共同創辦人

陳麟

推薦序

　　各行各業都需要行銷，要做好行銷需要偶爾來些創意。時時刻刻充電，看看各品牌怎麼做好行銷創意，維護形象，看看自己的品牌，如何搭上 ESG 議題，能否應用數位科技，來幫助品牌加分。

　　自我充電是加法，練功內化後，才有辦法用減法，來篩選適合的議題來發揮，和做好經營及行銷決策，而不是人家做什麼，就跟著做做看。每次拜讀王老師的書，豐富的案例和譬喻，都可以引導我從不同角度，去思考正在進行的專案和公司品牌經營。

　　這本書，適合對品牌有見解，開放接受不同激盪的你！希望藉由本書，帶領我們一起找出「創新好商機」，也歡迎跟智樂活樂齡活動社群，一起探尋愈來愈成熟的樂齡族群商機喔！

· Preface ·
作 者 序

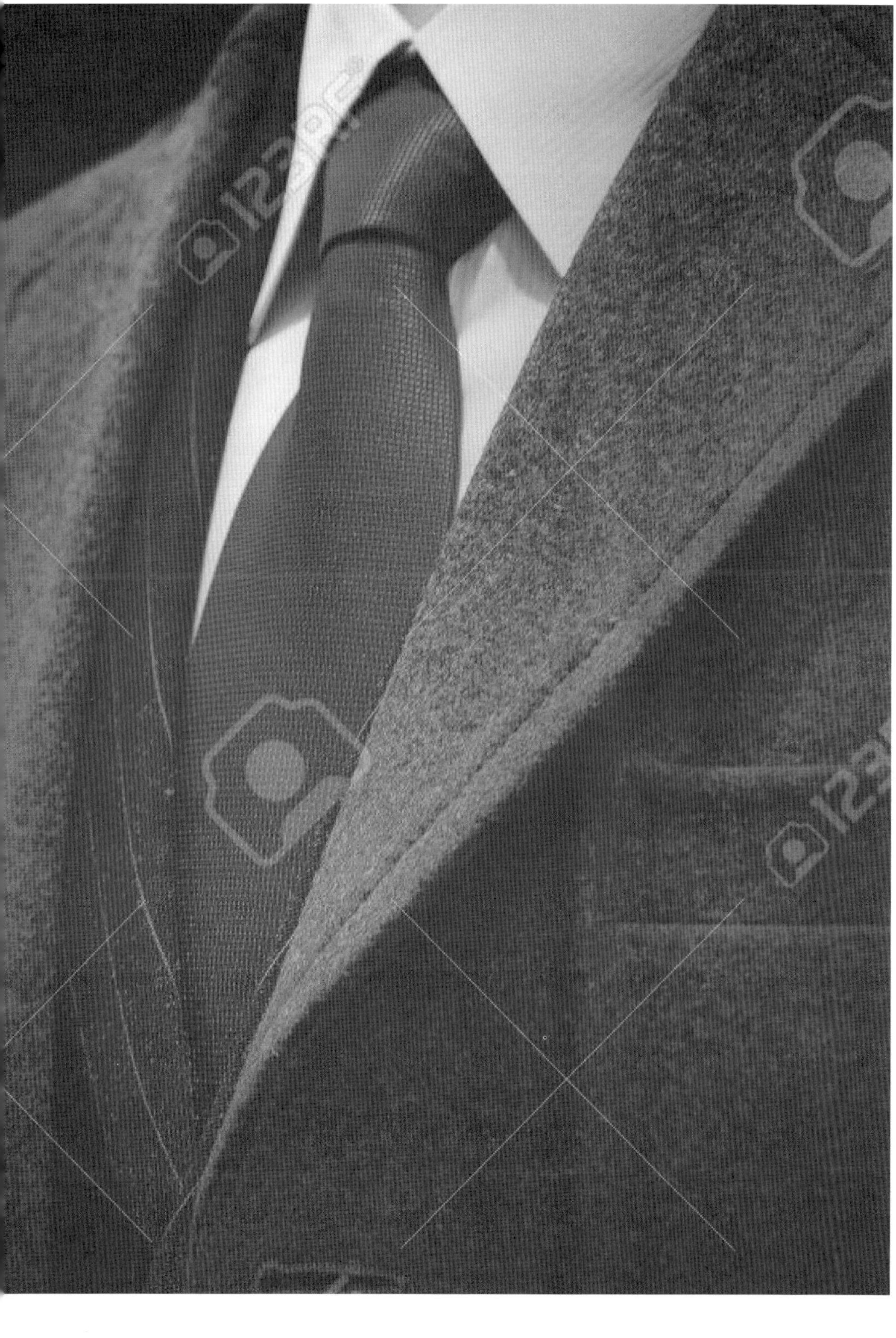

作者序

與時俱進的
創新行銷

品牌再造學院　院長

王福闓

作者序

在這個不斷變動的時代，只有持續的前進，才能確保自身的競爭力，而這個動力就在於願意一直挑戰創新。而對我和輔導、培訓的業者來說，走得更穩健也更有信心，就需要挺過風雨、也秉持著信心。

在這次的新書中，從**掌握品牌行銷創意**開始，我先切入了「品牌好形象」，以品牌象徵物、快閃店、品牌周邊、異業結盟為品牌找到新的商機；「連鎖加盟」則是針對連鎖品牌、加盟主、加盟總部及產業再造四個面向來探討，更完整的思考產業的機會與挑戰。「關係行銷」以代言人、人員銷售、團購模式與會員經濟，來分析尋找創意的企業與消費者建立關係的方式。

「ESG議題」從ESG與公共關係、世界地球日、世界糧食日與二手與綠色商機，讓讀者重新理解綠色行銷和ESG的應用；最後「數位新應用」則是將網紅經濟、直播、短影音、打卡評論等重點數位行銷方式，針對應用時的利弊來分析，並提出創新應用的可能性。

最後，感謝我的父母親、妻子及兄弟、出版社的保母，還有本書的推薦人們，一起為這本書的出現給予了幫助。

在你一切所行的事上都要認定祂，祂必指引你的路！
——箴言第三章第六節

王福闓 2024.04

作者：王福闓

- 台灣行銷傳播專業認證協會——理事長
- 中華品牌再造協會——榮譽理事長
- 中華整合行銷傳播協會——榮譽理事長
- 凱義品牌整合行銷管理顧問公司——負責人＆總顧問
- 品牌再造學院——院長
- 新世紀形象學——院長
- 閻老編的懷舊小屋——主理人
- 政院勞動部、農業部、經濟部、台北市政府、新北市政府、桃園市政府、台中市政府、台南市政府、高雄市政府——訓練講師／專案顧問、專案評鑑委員
- 中小企業服務優化與特色加值計畫、連鎖加盟及餐飲鏈結發展計畫、微型及個人事業支援與輔導計畫、創業輔導計畫、多元就業計畫——輔導顧問
- 台視、中視、華視、民視、公視、TVBS 電視、八大電視、三立電視、鏡電視、年代／壹電視新聞、非凡電視、東森／東森財經電視、寰宇電視、大愛電視、人間衛視、新唐人電視、GQ 雜誌、食力 foodNEXT、天下雜誌數位版、遠見雜誌、專案經理雜誌、商業週刊、myMKC 管理知識中心、聯合報、工商時報——受訪專家／專題作者
- 台中教育大學／中國文化大學——技專助理教授
- 佳音電台「閻閻而談」廣播節目、漢聲電台「閻老編的產業小屋」廣播節目——主持人

作　者　序

CONTENTS

推薦序 1	侯信恩──創新，讓你的企業永遠不會停止轉動！	2
熱情推薦	江　太	5
推薦序 2	郭建偉──這劑品牌行銷大補帖，來得正是時候！	6
推薦序 3	柯建斌──成為新創者的最佳夥伴！	8
推薦序 4	Naomi Ma──貼近時代脈搏的品牌行銷指南	12
推薦序 5	謝昌衛──迎向改變，找到創新好商機！	14
推薦序 6	孫儷芳──創新有道，穿越品牌行銷迷宮！	16
推薦序 7	陳雅鈴──手持書卷＋專業教程，找到屬於你的「創新好商機」	18
推薦序 8	周芸──我記者生涯的品牌趨勢行銷導師	20
推薦序 9	李素瑜──把握每一次創新的行銷機會，成功，指日可待！	22
推薦序 10	許家禎──AI 浪潮重塑新世代消費者，創新行銷成企業生存命脈	24

推薦序11	林莉——喜新厭舊的年代中,創新成為突破商機!	26
推薦序12	韋文敏——新創者的福音教戰手冊	28
推薦序13	李榮閔——跟上瞬息萬變的市場腳步,找到新藍海!	30
推薦序14	周美汝——為視障朋友打造創新服務,讓我們獲得肯定!	32
推薦序15	柯佩瑄——推薦這本行銷創新和永續發展的珍貴之作	36
推薦序16	陳俞君——持續創新,重獲生機!	38
推薦序17	梁燕玲——創新,帶你邁向成功!	40
推薦序18	陳麟——創新讓腦袋革新,能創造出更好的商機!	42
作 者 序	王福闓——與時俱進的創新行銷	46

01 掌握品牌行銷創意

56

02 品牌好形象

1	品牌象徵物	62
2	快閃店	71
3	品牌周邊商品	79
4	異業結盟	88

03 連鎖加盟

1	連鎖加盟	100
2	加盟主	106
3	加盟總部	110
4	產業再造	126

04 關係行銷

| 1 | 代言人 | 132 |
| 2 | 人員銷售 | 141 |

3	團購模式	146
4	會員經濟	155

05 ESG 議題

1	永續綠色餐飲及產品	168
2	ESG 與公共關係	186
3	世界地球日	195
4	世界糧食日	200
5	二手與綠色商機	208

06 數位新應用

1	網紅經濟	218
2	直播	228
3	短影音	234
4	YouTube 頻道經營	242
5	打卡評論	250

BRAND
TRUST
DESIGN
VALUE
STRATEGY
LOGO
MARKETING
ADVERTISING
IDENTITY

在更多不安與變數的環境中，品牌需要有更多的溝通管道和接觸點與消費者產生連結，但同時也要跟上時代的腳步，透過數位工具的應用營造品牌正面形象，以吸引消費者對品牌產生興趣。

01
掌握品牌
行銷創意

1.1

掌握
品牌行銷
創意

短期操作和長期溝通都重要

　　知名品牌的行銷運營已逐漸在品牌價值的經營塑造上找到可循的模式，持續透過節慶行銷、整合行銷傳播，與發表新產品來刺激市場；新創品牌則透過差異化的品牌定位，找到了自己的忠誠消費者。

　　我觀察近來國內市場許多消費產品及餐飲業的發展，知名的大品牌仍持續按計畫穩定的投入行銷資源，依循品牌的發展策略進行整合行銷專案傳播；至於新創品牌及傳統小品牌則是勇於嘗試更多的行銷方式，希望能順利出線攫取消費者的目光關注並獲得青睞。

　　據我個人的分析，M 型化的消費趨勢將會持續發展，但會有更多消費者因認同品牌 ESG（環境保護 environment、社會責任 social 和公司治理 governance）而選擇買單，同時將更重視品牌溝通的感性訴求。另一個層面則是更注重 CP 值，品牌透過與消費者精準溝通，使品牌風格更強化會員特色屬性，以滿足消費者的自我投射與品牌連結。我發現身邊的消費者所在意的除了所購產品服務本身，品牌所選用的行銷工具也大大的影響了消費者。像是有些人接受大量短影音的傳播影響，更容易接受步調急促的開箱推薦，有些人則是受到直播帶貨的吸引，直接改變了購買習慣。

　　此時品牌經營者面對這些新世代的挑戰，必須搶在與消費者建立關係之前，優先把自己品牌的個性形象塑造起來，接著不斷嘗試調整與消費者的溝通方式，只有真正具競爭力的品牌才能吸引消費者持續關注，同時還得透過各種方法維繫顧客以持續保有雙方關係。能夠兼具長期營運及短期操作能力的品牌，才能在裡子和面子上，也就是品牌形象與實質營收上，都獲得理想的成果。

針對目的調整策略

　　當產品的功能服務過於普遍常見、缺乏市場差異性且不夠獨特時，很容易就會被競爭對手模仿取代，只有品牌深入與消費者溝通，確實在消費者心中留下印象並讓消費者記住，才能抵禦其他競爭者的進攻。

　　就整合行銷傳播的整體策略而言，品牌必須做到有規劃地進行訊息傳遞，使所有行銷工具所呈現的內容能盡量統一；但是從現實層面來看，面對市場環境更多元的挑戰與消費者的善變，單點有效突圍也是種必須納入溝通的行銷手段。

　　究竟品牌想向消費者傳遞什麼訊息，如何得到消費者信任並產生認同，對品牌經營者和行銷人員來說，至少得先掌握大方向，也就是塑造消費者對品牌認知的一致性與實際體驗，進而持續維繫品牌與消費者之間的關係。

　　在重要的議題上，品牌應以整合行銷傳播為主體、單一訊息為溝通核心來與消費者搏感情。但是對特定的時事議題，或是對抗競爭者時的非常規手段、特定行銷方案及訊息轟炸的短期操作，也仍然必須納入品牌行銷的整體思維中。

　　在內容行銷的策略規劃上，品牌經營者和行銷人員必須要達成共識，不論是異業合作或是聯名，不論是考量話題性為主，還是銷售導向主，都得在事先規劃時界定清楚。

　　像是快閃店的營運、品牌象徵物，及周邊商品的操作，更要能兼顧品牌形象與消費者溝通目的。當品牌針對議題內容規劃時得要有一致性與吸引力，才有機會留住更多目標消費者，進而達到品牌的期望目標。

更深度的關係建立

　　品牌需要以優質的內容與消費者互動，直到與消費者形成更親密的關係得到認同，消費者才會主動分享給更多人。然而，什麼樣的內容才能達到這樣的效果，對品牌來說正是個困難的課題。企業可以透過發布貼文傳達活動訊息或品牌理念，然而直播、團購卻可能更接近一般消費者的生活，想要讓消費者持續支持，會員經營更是關鍵。

　　在消費者接收品牌相關訊息的同時，會自然形塑對品牌的態度，這時越有知名度的品牌越具優勢。當不少產業無力以直營開店的模式創造聲量時，選擇連鎖加盟的型態則可以更快的開枝散葉，並且讓消費者更容易看見品牌。當品牌為了在特定的時間點短期提升行銷專案的效益，從曝光到購買轉化，必須集中資源發揮最大效益，加盟者作為品牌中的忠誠支持者，更能夠幫助品牌擴散溝通資訊。

고양이카페
CAT Cafe

02
品牌好形象

品牌必須提升自己的附加價值，不論是透過 IP 的授權還是跨界合作，都該製造讓消費者能更多元支持品牌的機會，同時掌握議題並善用資源整合，以維持品牌的熱度與消費者新鮮感。

2.1

品牌
象徵物

為什麼是品牌象徵物

　　品牌象徵物的角色為品牌的象徵元素之一，選用吸引人的設計有助於引發話題，更能吸引消費者注意力。許多企業、城市在定期舉辦的大型活動時，為了提升與消費者的親切感，將品牌透過更具象的角色來跟消費者互動，常會設計符合自身特色「品牌吉祥物」，以作為品牌象徵。在《獲利的金鑰：品牌再造與創新》一書中，將品牌象徵物的設計創意，歸納出：消費者投射、專家形象、企業主形象、動植物及原創具象化虛擬偶像等五種。

　　品牌象徵物設計包含故事背景、外觀造型、個性與特質，以及與品牌的關聯性，其中外觀又最為重要，包含五官表情及整體造形，能否具吸引力雖然是主觀判斷，但迎合台灣消費者普遍都能接

受可愛造型的行銷手法，均常見於官方網站和專屬主題曲上。例如全聯福利中心的福利熊以及家族成員，包含芭樂狗、旺來狗、奇異狗、香蕉狗、蘋狗，並透過全聯福利熊主題曲《One Two 福利熊》及 2022 福利熊與水果探險隊 MV，將全聯的產品和品牌特性變得更有親和力，同時提升消費者品牌偏好度及認同感。

品牌象徵物作為品牌識別的一環，能協助消費者建立品牌聯想，吉祥物運用在各種大型活動中，能達到形象宣傳和資訊溝通的效果，包含立體公仔、人偶裝、充氣氣球，甚至是大型熱氣球，宣傳品牌形象時能產生一定程度的作用，甚至因為吉祥物有眾多消費者偏好，因此能藉由實體活動中的互動帶給品牌與消費者之間共同的記憶與情感連結。

城市象徵吉祥物透過不同的活動策略，表現出城市的特色面貌，既能協助地方政府節慶行銷，也能為城市塑造獨特的記憶點與親民性。尤其像是城市主體本身描述具體形象不易，所以透過品牌吉祥物能更容易達成與消費者溝通的目的。例如日本九州的熊本縣的知名吉祥物熊本熊（日語：くまモン，英語：Kumamon），不但以實體化角色進行品牌推廣，甚至被賦予「營業部長」的職位，以擬人化的方式更容易讓消費者有真實感。

熊本熊甚至曾多次來台灣宣傳，並與國內同樣是「熊」造型的品牌吉祥物互動交流。說來好笑，國內以黑熊為造型的品牌吉祥物竟多達數十個，原因則是因為諸多品牌皆想利用臺灣黑熊的高知名度來代表台灣，其中最為人所知的地方代表吉祥物是台北市政府為第 29 屆世界大學運動會創立的品牌象徵物熊讚；另外台中市政府也於舉辦世界花卉博覽會時創立了石虎家族與歐米馬。網路社群有網友提出國內幾個「醜」得讓人印象深刻的地方品牌吉祥物，像是

高雄的「金蕉王」、雲林「絲瓜小姐」、新竹的「人面蝴蝶」及其他略顯詭異的角色造型，還好當中部分只是在地的地景裝置藝術，並非真正代表鄉鎮城市的品牌象徵。

品牌象徵物的創新意涵

品牌象徵物代表品牌識別，必須與企業、城市或活動主題精神高度連結。例如奧林匹克運動會所遵循的哲學「奧林匹克主義」在《奧林匹克憲章 Olympic Charter》中被闡釋為──相互理解、友誼長久、團結一致和公平競爭。因此奧運／帕運象徵物均以此為原則，再加入各國城市的特色理念，像是 2024 巴黎奧運／帕運象徵物 Phryge 弗里吉，造型源自象徵自由、包容的法國著名弗里吉亞帽，顏色則採用法國國旗藍白紅三色，同時此象徵吉祥物更被賦予向全世界展示「體育具有能改變一切的能力」之重任，向大眾呼籲體育在社會中所扮演的重要角色。

品牌象徵物是否能成為品牌代表，能否使大眾記憶深刻是首要條件。就像在當年的「大同寶寶」以紅色頭盔、手持橄欖球、胸前鑲著大同創業年數的造型出現，搭配品牌廣告歌曲〈大同歌〉，可說是一個時代的共同記憶。象徵物的應用對品牌而言，最重要的是奠定消費者的信任感，尤其在品牌發展的過程中，應對過去原有的形象進行思考，並利用品牌再造的機會，適時更新品牌識別系統。

品牌象徵物作為企業整體溝通元素的一環，不論是創立品牌象徵物應用或更新原有的象徵物造型，透過象徵物獨特的自我個性和辨識度，都能使消費者感到新鮮好奇、提升關注，在吸引大眾目光之餘，達到與消費者溝通的目，甚至衍伸帶來公關媒體的曝光效

應。象徵物同時還具備創造商業價值的功能，象徵物的圖像可應用於產品外包裝，也可以獨立推出公仔或是周邊商品；應用在像是節慶活動、促銷活動、通路佈置、出席品牌重大活動時，都能規劃以周邊商品的銷售為品牌帶來實質的利潤。

像是路易威登（Louis Vuitton），在 2023 年耶誕節推出的 Holiday 假日系列，以驚喜寶庫、旅遊之樂、閃亮佳節以及活力旅程四大主題，其中「驚喜寶庫」以品牌吉祥物 Vivienne 與 Teddy 推出一系列包括經典硬箱、風格家飾等設計，變身超可愛公仔搭上迷你雪橇搖響耶誕鈴聲。這時品牌可藉由吉祥物的應用，拉近年輕族群的青睞，更能帶動節慶商品的銷售商機。

若能將品牌象徵的吉祥物設計得討喜、有特色，就有機會吸引消費者願意購買它們的周邊商品，創造新一波 IP 商機。當象徵物 IP 具備了足夠的市場價值，就能開發一系列娛樂性的周邊商品，像是動漫、卡通、公仔、遊戲，透過 IP 授權異業合作，持續創新自身的價值。例如以堆疊的輪胎造型轉換成名為 Bibendum 必比登公仔的可愛輪胎娃娃，就是米其林的品牌大使，更成為餐飲推薦的知名象徵；或是戴上甜甜圈當鬃毛的波堤獅，則是 Mister Donut 統一多拿滋的品牌吉祥物，且系列家族的周邊玩具也深獲不少人喜愛收藏。

設計品牌象徵物注意！

多數品牌不見得均擁有屬於自己品牌的象徵物，然而，當品牌打算創立自己的象徵物時，在設計定位上應特別注意，象徵物除了不能脫離本身希望傳達的品牌價值外，是否具獨特性使消費者一眼

就能認出 IP 與原有品牌之間的關聯性也很重要。像是日本的黑貓宅急便、宜得利家居，以及國內苗栗縣的地方吉祥物「貓裏喵」，都選擇以「貓咪」作為品牌象徵物的設計靈感來源；因為其討喜的外觀與貓本身的特性，更賦予了品牌象徵物們諸多重要的任務。像是擔任服務生、店長、站長等，也因此延伸出不少新造型，甚至是周邊商品。

另外，東京都政府實施城市再開發，其中「虎之門之丘」為達品牌形象有效識別聯想，委請藤子·F·不二雄製作公司發表象徵物「虎之夢」（トラのもん），雖然外觀看來與哆啦A夢極為相似，但是 IP 角色身上有建築物黑白條紋的形象且有耳朵，也成功達成使人感到親切但不易搞錯的目的，同時既有的角色造型也能使消費者更快產生記憶點。

餐飲業中的麥當勞叔叔與好朋友們（大鳥姐姐、漢堡神偷、奶昔大哥），或是以創辦人形象為基礎發展的肯德基爺爺，或是國內頂呱呱在 logo 秀肌肉的阿勇，都曾有將吉祥物實體化製作成大型布偶店頭陳列的經驗，製造消費者實際體驗與角色 IP 接觸的機會，另外 M&M's 的兩隻品牌公仔不但以顏色區分，且還各自有不同的特色，因此製作成「給糖器」的時候，也就成了品牌愛好者收集的對象。

品牌象徵物在設計時應清楚界定系統化的相關使用規範，才能使品牌在各種應用環節保持設計呈現的一致性。同時品牌故事也需要隨著品牌的發展適時更新補充，才能擁有持續性的發展機會。例如日本大型連鎖折扣店「驚安殿堂」唐吉訶德，2022 年底原本曾宣布要把招牌吉祥物「DONPEN 企鵝」，換成「DO 情醬」，此舉引發日本消費者抗議，當晚品牌緊急透過官方推特表示最終決定

不換。唐吉訶德社長吉田直樹也指出，公司在考慮各方意見後，幹部們決定從善如流，繼續讓「DONPEN 企鵝」擔任品牌象徵物。

但反觀美國牛奶巧克力品牌「M&M's」吉祥物的風波，經歷了 2022 年的改造爭議——M&M's 為兩位女性巧克力公仔更改造型，把綠色 M&M's 的高跟長靴換成平底運動鞋，把咖啡色 M&M's 的尖頭高跟鞋換成粗跟低跟鞋，不再刻意區分二元性別，塑造社會多元性，拉近 Z 世代消費者；然而此舉引卻起美國右派的強烈譴責，認為這樣的改造違反了女權主義的原則。到了 2023 年，M&M's 透過 NBC 新聞報導，品牌宣布將「無限期暫停」使用知名 M&M's 公仔吉祥物，並稱 M&M's 最不想見到的就是社會的兩極分化。這也是品牌象徵物的發展所遇到十分可惜的案例。

溝通才是關鍵

象徵物在數位行銷時代，需借重社群媒體的運作，經由社群議題討論獲得更多關注和曝光。城市象徵物的設計，一般是以代表城市獨特文化歷史、象徵符號、傳奇故事、代表商品或產物，以及特殊動植物為主；從城市特色與發展願景思考，既然要發展具有特色的品牌象徵物，就更應從市場導向的角度出發，面對每個人審美認知的差異之下，溝通顯得更為重要。

就像即將在 2025 年開幕的大阪世博會，其品牌象徵物「脈脈（MyakuMyaku）」的造型就極為奇特，又或是茨城縣的納豆象徵物「根原君」，即便是被人批評感覺「醜萌」，但仍有不少的支持者，周邊商品更是一開賣就被秒殺，雖然吉祥物發表初期有些消費者不太能接受，但後續在支持者分享與高度討論中，都能看到情

城市象徵物

- 獨特文化歷史
- 象徵符號
- 傳奇故事
- 代表商品或產物
- 特殊動植物

勢逐漸挽回，產生一些正面聲量。

另外在同一個集團下，由於產品品牌的不同，也會看到品牌象徵物的差異化應用。例如可口可樂常常將北極熊 IP 造型使用於通路贈品與廣告中，而另外一個產品品牌 Qoo 酷兒則因應顧客消費行為改變，轉變為美粒果的品牌象徵物。品牌象徵物作為品牌識別元素之一，品牌必須賦予品牌 IP 背後的故事意義，同時具體規範各種功能應用的使用方式。

尤其是當品牌再造時，一旦更動品牌名稱或品牌標誌，所付出的溝通成本相當龐大；這時原本沒有品牌象徵物的企業，則可考慮新增加入品牌象徵物作為與消費者溝通的內容。反之當品牌象徵物存在的時間夠長，品牌也長期與消費者持續溝通，別忘了留意當整體社會環境與生活型態逐漸改變時，品牌象徵物也必須在品牌再造

的過程中跟著適度調整形象。像米其林 MICHELIN 輪胎的吉祥物 Bibendum 必比登，多年來持續不斷的進化改版微調，才能讓新一代的消費者繼續接受。

　　品牌象徵物在經營推廣時，做成公仔及周邊商品是最常見的方式，不但可以從銷售中獲得實質收益，也能更有效的建立消費者對品牌的認同感。從商業環境與品牌識別來說，成功的品牌象徵物能夠幫助組織與消費者拉近距離，但如何能設計出有創意且討喜的角色，甚至發展到能作為商品、品牌授權，仍需要投入諸多專業資源，才能達到預期的消費者溝通效果。

　　例如艾雷島麥芽威士忌的雅柏 Ardbeg 運用，吉祥物 Shortie 化身為天際探險家，以展開全「燻」冒險的概念，系列酒款由 Shortie 親自選桶，推出獨家限定系列—雅柏煙霧之蹤。同時結合快閃店活動，在台灣桃園國際機場第 2 航廈舉行，現場還設有互動拍照機讓消費者可以與 Shortie 機長合照，也讓品牌形象更具親和力。

　　溝通效果的好壞，除了仰賴品牌營運團隊持續努力外，關鍵還得回歸品牌象徵物背後的意義。畢竟不同品牌吉祥物即便都是吃可愛長大的造型，但還是有可能因為彼此太過雷同而失去自己的品牌特色；還好只要能好好經營品牌象徵物 IP，都還是能獲得一定的支持與正面聲量。對品牌而言，經由象徵物所帶來從有形到無形的收益，是品牌長期經營、期許創造利潤的理想方向。

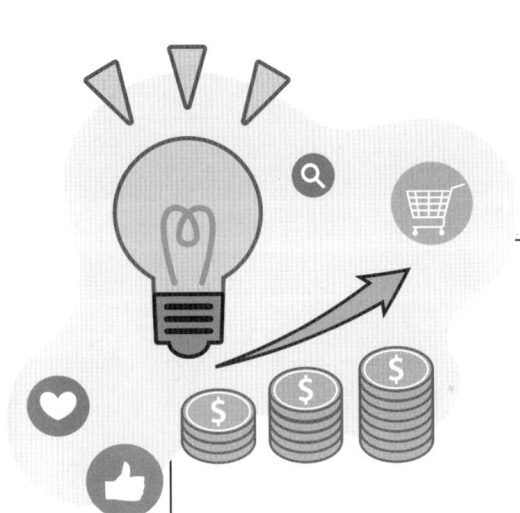

2.2

快閃店

快閃的風潮

　　在行銷手法五花八門的時代，不少消費者如今反而更加嚮往參與品牌的實體活動。因此有的品牌積極舉辦實體促銷體驗活動，來增加與消費者接觸的機會；有的則是以品牌的整體溝通為考量，投入較多的成本開設實體快閃店，讓消費者除了能更完整的認識品牌相關議題之外，還有機會藉由光顧為品牌帶來多一筆的收益。

　　所謂實體的品牌快閃店，一般是指——「以臨時形式建立的店面，在限定的起迄時間內開始銷售產品及提供相關服務，直到結束營業」。做為品牌與消費者之間接觸點，快閃店提供消費者更高的品牌互動體驗，也因為營運期間較短，落在一週至二個月之間，品牌可以將資源更集中在行銷溝通上，達到消費者參與、提升品牌知名度，以及銷售目標達成等效益。

　　據我分析，多數的快閃店，開設的目的在於吸引媒體與特定消費者的注意，同時凸顯品牌創意的獨特性。為了使效益最大化，快閃店在選擇地點時通常會開設在人潮眾多的地方，像是主要的商圈、機場與車站、商場群聚區及其他銷售位置，也有部分因屬性選擇進駐文創園區、購物中心、百貨公司，有的則是將既有門市短期改裝。另外，不少既有品牌也會選擇參與市集，採取臨時擺攤的方式，或結合政府大型活動並搭配期間限定的餐車，作為新一代營運方式的快閃店。

　　例如位在台北信義威秀的餐酒館「歐拉歐拉オラオラ」和日本恐怖漫畫大師「伊藤潤二」合作的快閃店，為市場帶來恐怖的主題餐點和周邊商品。像是用作品及角色命名的「富江燉肉燴飯」、「敏三血腥拉麵」，為了重現恐怖漫畫壓抑詭譎的氛圍，店內布置不僅

用暗色窗貼封住了明亮的玻璃，吧台後方的燈箱更是以富江身軀所堆疊而成的詭異畫面，使餐館從外觀到內部裝潢滿滿都是黑白漫畫風佈景。

也因為快閃店以店面的形式呈現，可運用店內的布置裝潢來營造氣氛，甚至加入人員叫賣、優惠促銷和限量產品的銷售，來提升消費者產生這段期間「非去不可」的念頭。一旦品牌快閃店熱門成功時，就能藉此帶動現場人潮，也因這些合作品牌原本就擁有知名度，使快閃店能有效在短時間內為品牌創造關注度與話題，同時提升目標消費者的品牌印象與好感，更能藉此測試新興市場與潛在客群的反應，進而吸引消費者提昇回常態通路購買品牌商品的機率。

快閃店的設立目的

有些國際性大資本品牌，在行銷的操作上則是以免費索取或經遊戲體驗後贈與試用品的方式宣傳；最常見的像是可口可樂的新品，曾在信義計畫區及西門町商圈舉辦體驗活動。以《節慶行銷力》一書的分類而言，發送試用品本質上屬於促銷活動的一環。直接試吃試飲試用品牌商品的好處是使消費者更容易體驗品牌魅力，也能使消費者對品牌的大氣留下好印象。但如果品牌原已擁有既定的支持者，想同時維持品牌形象，也希望藉由交易來篩選接觸對象的情況下，快閃店會是一個更容易達成目的的選項。

不少快閃店會運用免費體驗的方式來強化消費者的記憶點，像是誇張的店面外觀、品牌專屬主題曲、精心設計的味道、可直接觸碰的商品展示及體驗道具，透過五感的各種元素來加深消費者的記憶與互動，比起一般的常設店更增加了娛樂性。此時，我認為快閃

店吸引人最主要的原因,就是讓品牌滿足消費者特定偏好的情感連結,藉由更多的創新元素,甚至能誘發社群上的曝光以及潛在消費者的興趣。

快閃店所營造的環境氛圍,是影響消費者體驗與購買意願的關鍵之一,像是獨立搭建的銷售空間、大型人偶及裝置藝術,或者是結合當時的節慶及新產品推出的相關視覺。例如萬聖節時 CACO 以骷髏及鬼魂元素作為發想,推出《辛普森家庭》快閃店,將 1:1 原版等身大小的公仔搬進了信義 A11,復刻動畫中經典的辛普森家客廳場景,並陸續進駐南西誠品、南紡夢時代。

另外像是動漫《SPY×FAMILY 間諜家家酒》因為劇場版上映,便在台中 PARK2 草悟廣場推出快閃店,讓消費者能夠在看電影前後更深度體驗電影中的場景,同時還能購買周邊商品。現場有 2.5

米高的「安妮亞巨型氣偶」、「角色大道」，還有「可愛安妮亞外牆」，店內更推出超過百款快閃店限定新品；例如安妮亞圖樣「背心」、貝琪、達米安及尤利等多款角色圖案的「鑰匙圈」。

從另一個層面觀察，不同於單純的免費體驗，快閃店的銷售行為不只是使消費者實質看到產品，像是有些外國的餐飲品牌或限量運動商品，還能使消費者經由購買更加深了自我的滿足感。部分經典品牌透過創新產品設計不但為品牌帶來經濟收益，買到新設計的消費者也會因為商品的獨特性及稀有度，更樂於與他人分享、甚至炫耀，進而達到品牌曝光的目的。

例如可爾必思在台北車站打造「可爾必思飲料快閃店」，除了牆面秀出品牌故事介紹，也規劃了網美場景可供打卡，同時推出5種不同口味的可爾必思特調、限定奶泡飲品。其中基本款有「原味、蜜桃、芒果、蘋果」4種，每周還有一款「限定版」，讓消費者到快閃店不但能感受氛圍，並能擁有獨特產品。而這樣的操作也讓品牌從店頭銷售更貼近了我們的日常體驗，也使消費者對品牌有更深度的瞭解。

快閃店往往為了宣傳新產品或限定主題商品，規劃具強烈視覺效果的風格布置，同時須善加安排預估人潮的排隊動線，以為消費者帶來更理想的消費體驗。為了創造吸睛的效果，越有創意的店面設計就越能吸引消費者拍照打卡，有的快閃店甚至巡迴全台，使各地支持者爭相競逐拍照分享，若是能搭配限定商品的吸引力，更能創造新奇的消費體驗。

快閃店的不同主題

最常見的快閃店主題之一就是各大知名動漫 IP，會在動漫推出像是劇場版或新番的時候，讓消費者買到這些限量且珍貴的周邊商品，若是能結合餐飲服務，就更能讓人感受到 IP 運用的靈活與實質接觸感。

例如《Neon Genesis Evangelion 新世紀福音戰士》劇場版上映時，就與台北三創的 MyAnime Café 異業合作主題快閃餐廳，或是《櫻桃小丸子》動畫 30 週年時與飲料店 Coffee.Tea.Or 異業合作，推出聯名飲品還有周邊商品可供選購。

另外也有讓人意想不到的品牌之間異業合作，採用快閃店的方式測試市場水溫，萬一消費者反應不佳，也能快速止損。

像是彩妝品牌 ANNA SUI 在 2019 年與丸作食茶聯名推出「under the sea 藍海初戀」系列，運用香水的元素與海底世界的活潑繽紛結合，選用藍藻粉調和成藍綠色汁液來呈現海洋色澤；或是 2018 年黑松沙士「清爽 der 選物店」販售趣味選物，像是減無聊爽爽製冰盒，並販售品牌特調飲料。

但有趣的是，品牌靠一般通路販售無以為繼的情況下，原本無意跨界經營的品牌，變得更願意嘗試快閃店的形式。

像是義美舉辦的「ForMe 特調」體驗活動，使用品牌原本販售的各項茶飲、奶茶及茶凍調配而成，以單日限定的餐車活動方式來吸引消費者注意；或是日本乳酸飲料可爾必思運用經典的「水玉圓點圖案」作為杯身與店面的裝潢設計，在台北車站打造的飲料快閃店，推出不同口味的限定特調奶泡飲品。

快閃店的延伸效益

　　快閃店常見的線下活動包含像是參與者到 FB ／ IG 拍照按讚打卡、加 Line 官方帳號成為好友，甚至是購買限量商品前要先完成會員登錄，這些鋪陳都是為了獲得更具價值的顧客資料及消費行為紀錄，品牌擁有了這些資訊後才能更精準的進行顧客關係管理與再行銷。不過，也因為快閃店曇花一現的短期性質，如何在短短的時間內吸引消費者上門與媒體的關注，並在快閃期間維持熱度，取決於消費者體驗過程的設計。

　　像是中國品牌白象與抖音達人合作創作趣味短影音，同時聯合線下抖音電商超品日舉辦香菜主題快閃店，並設置「香菜愛好者身份鑒定」、「守衛香菜誓言」等六大主題互動環節吸引香菜愛好者參與。或是法國精品馬卡龍「PIERRE HERMÉ」在新光三越信義新天地 A11 展開為期一個月的快閃店，發售 12 款經典口味馬卡龍、手工巧克力和節慶禮盒，店內裝潢造景以放大版的甜點禮盒為設計概念，讓消費者入店先是穿越繽紛的馬卡龍隧道，隧道盡頭可見一顆熠熠生輝的巨型馬卡龍，轉折進入快閃限定店後，映入眼簾的則是超大型的環形馬卡龍禮盒。

　　當消費者因快閃活動嚐鮮打卡之後，肯定品牌商品特殊飲料讓人回味、周邊商品值得重複購買時，才能使消費者在回購的同時，建立品牌好感度。另外走入快閃店的消費者並非都是因著品牌本身的魅力而來，更多可能是因為現場熱鬧的人氣或媒體報導好奇進入，一旦市場熱度降溫，也可能導致消費者興趣缺缺。

　　畢竟對年輕族群、偏好嚐鮮的消費者來說，要留住他們在快閃店結束後仍持續支持購買，勢必得回歸顧客需求與品牌偏好。因此

我們可以發現，要使品牌快閃店在限定期間維持聲量，善用社群媒體行銷操作是必須的。像是 KOL 意見領袖的推波助瀾、鼓勵消費者打卡分享、按讚追蹤品牌社群，透過更多的畫面來提升品牌在市場的能見度，經由品牌原有的會員機制或新客導入流程，真正建立品牌與消費者之間的關係連結。

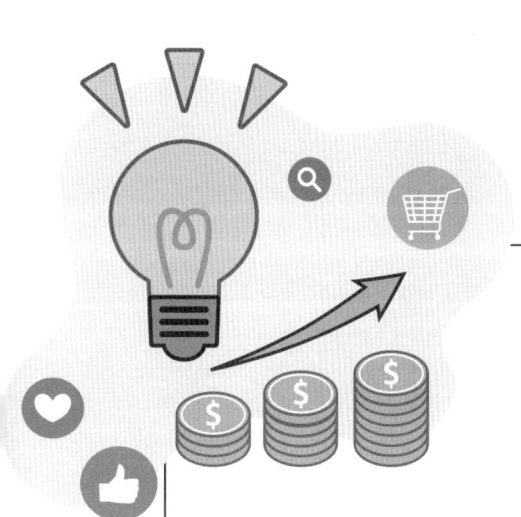

2.3

品牌
周邊商品

航空業的轉型契機

　　許多航空公司轉型，連帶開拓了更多角化的經營。消費者對自己喜歡的航空公司所推出的產品服務產生更高的購買黏著度。人們國際旅遊的起點及終點都在機場，各家航空公司在搭乘過程中所提供的品牌服務也有不少差異，像是國內除了傳統的華航及長榮外，還有不少人會搭乘星宇航空；另外也有許多消費者為了節省或配合旅行團，選擇廉價航空公司服務。航空業者尤其該好好把握消費者對旅遊的滿心期待，提供旅人滿意的搭乘體驗，使消費者提升對航空公司的品牌好感度。

　　航空公司應對機身塗裝、機隊升級、加入聯盟等議題抱持創新思維。對消費者而言，當然餐飲服務及搭乘空間舒適度的提升是重要的根本，但也有不少人對搭乘成飛機時能購買限量的免稅紀念品感到興奮。

　　一直以來免稅品及自有品牌周邊產品的銷售，都是航空公司重視的獲利來源。若能引導這群對特定航空品牌喜愛支持的消費者願意透過電商平台持續購買相關的產品時，就能為航空公司帶來龐大的商機。

　　像是長榮航空飛往日本的 HELLO KITTY 彩繪機，從機身的彩繪到搭乘過程的相關服務，包含旅客用餐的餐盤餐具、空服員身上的圍裙，甚至是廁所內的衛生紙都有 KITTY 的圖像，也讓喜歡 KITTY 的粉絲更為著迷。

　　除此之外，航空品牌的餐點也是不少人搭乘時念念不忘的好味道。目前已有不少品牌與零售通路合作，推出航空公司微波餐盒及授權零食，像是印有航空公司圖騰的餐具、節慶送禮的禮盒，甚至

身穿航空制服的公仔及玩偶,都是喜愛航空公司周邊產品的消費者特別關注的品牌周邊商品。

周邊商品的意義

而品牌之所以能維持周邊商品銷售的原因,最重要的關鍵還是在於品牌本身所具備的吸引力。

《獲利的金鑰:品牌再造與創新》一書中所述「品牌營運與價值全貌圖」分析,影響消費者建立並理解航空公司品牌形象的關鍵要素,包含了品牌故事、品牌識別元素及品牌傳播訊息。雖然顧客搭機的服務過程服務人員的專業形象也能獲得消費者認同,但最能使消費者留下具體回憶的還是擁有實體商品。

好比遊客前往博物館參觀時,看到許多古老而獨特的歷史文物展品,透過社群的擴散成了熱門話題;例如三星堆的青銅面具、甘肅博物館的馬踏飛燕,這時博物館就能透過將文物商品化,為博物館帶來營收。

或者像是迪士尼歡慶 100 週年時與故宮合作,用米奇之旅的概念與故宮文物結合,包含了翠玉白菜、毛公鼎、肉形石及轉心瓶等都做成公仔,也帶動了年輕消費者的關注。

另外在航空品牌的周邊商品開發上,持續創新也是相當重要的競爭力。除了模型飛機、吊飾這些常見的商品之外,若是能更完整的開發出與品牌有關且具收藏價值的可玩/用性的商品時,就更有機會提升消費者的回購率。好比當消費者購買航空公司飛機模型玩具時,若特別選擇與知名玩具廠商合作,或搭載其他配件能整組購買時,就能引發忠誠消費者更大的購買意願。

尤其是當消費者看到模型飛機上的一些獨特服務、周邊商品都是航空品牌獨有時，即便價格可能貴了點，但還是能吸引消費者有收藏的意願；甚至對具相當收入有經濟能力的高端人士來說，真實飛機退役後的特殊物件，只要夠稀有獨特，仍有可能被消費者購入。

像是長榮航空為歡慶 Hello Kitty 50 週年紀念，特別推出 Hello Kitty 輕量化餐車限量販售，除了吸引 Hello Kitty 粉絲外，也讓一些航空迷多了喜歡餐車無使用痕跡的消費者有興趣選購的機會。

另外，星宇航空也推出了飛機造型 icash2.0，以空中巴士「A321neo」機型為基礎，加入品牌的識別色，甚至晶片在感應時兩側機翼尾端還會閃爍燈光，並發出「歡迎登機」的音效，也獲得了不少品牌支持者青睞。

品牌關聯性的建立

雖然消費者搭乘航空公司航班時，仍須同時考慮包含航班目的地、機票價格、是否有座位、航行時間及整體行程是否符合需求等因素；但如果成為航空品牌的忠實粉絲，即便沒有搭乘需求，也會特別留意該品牌的訊息。像我身邊不少眷村子弟就特別偏好中華航空；若是想到飛日本或是 HELLO KITTY 彩繪機，就會想到長榮航空。

近年更有不少年輕人，因為覺得星宇航空的行銷方式與品牌形象很「潮」，即便機位價格與周邊商品的售價都不便宜，但仍累積了一群死忠支持者。

事實上，在消費者上了飛機之後，雖然大部分的購買行為還是集中在那些免稅精品、化妝品，甚至菸酒品項上，但同時購買品牌周邊商品作為回憶或贈禮的比例也不低。

品牌授權與商機

當品牌有一定知名度的時候，就有機會將包含品牌名稱，品牌標誌，品牌象徵物或是代表性產品的外觀，以授權的方式來提升品牌附加價值及營收。

對於品牌周邊商品的發展來說，品牌授權通常品牌所有者、在一定的使用時間和限定的範圍內，收取權利金後授予被授權方使用，有時也可能因為公益考量而免費使用。

透過品牌授權有助於更快的幫助品牌達到擴散效益，像是德國蔡司集團透過品牌授權光明分子眼鏡，打造全台唯一蔡司博物館，聚焦 B2C 的品牌體驗，臺灣總經理章平達表示，這樣的概念可藉由線下與消費者深度溝通，讓眼鏡配戴者感受品牌的服務、數位化驗光解決方案、最新的鏡框趨勢、創新和量身訂製的鏡片，和系統化的諮詢流程。

在品牌授權的時候，雙方的品牌的理念一致性、被授權方的資源投入、產品類型的相似性，以及授權後的效益評估，都影響了品牌授權的結果。透過品牌授權策略，有機會媒快速開拓或是滲透新市場，尤其是授權品牌原有的知名度，加上被授權方可能有龐大的年輕客群，或是足夠的末端銷售管道。

品牌擁有者一方面減少擴長時的財務投入過於龐大，另一方面與被授權端共同分擔費用及風險，也對於品牌周邊產品的創新和營

試，有了更多的可能性。

像是《復仇者聯盟4》品牌授權可口可樂，一次推出 14 款有漫威電影角色的系列包裝產品，不但提升了消費者收集提升購買的機會，也同步帶動電影上映時的聲量。7-Eleven 的 CITY CAFÉ 則是經由品牌授權，推出消費者可以加購的漫威電影限量 IP 商品，像是薩諾斯無限手套存錢筒、鋼鐵人頭盔鬧鐘，引起消費者換購熱潮，也讓漫威的品牌接觸客群更為廣泛。

不過並非品牌授權方都一定是強勢的一方，有時像是老品牌也會將自己的品牌，透過授權的方式來加速年輕化，被授權方本來就擁有了相當成熟的商業模式，也可能因為特定目的而接受。

像是 UNIQLO 來台 10 週年時，與五大台灣經典品牌推出聯名 UT，UNIQLO × 台灣品牌「鼎泰豐、台灣啤酒、春水堂人文茶館、Gogoro、大同電鍋」，而這樣的品牌授權，對於 UNIQLO 來說可以強化與台灣的在地連結，而授權方的五個品牌，也能藉此達到推出周邊商品的目的，甚至踏入懷舊潮流的領域，達到品牌年輕化的目的。

至於兩個品牌都不夠有知名度時，因為自身影響力與品牌聲量都很有限，即便合作或是品牌授權都不見得能有足夠吸引力時，就要在這時加入創新的元素，引發媒體的關注及消費者的興趣，進而提升聲量和銷售機會。

不過以我過去的經驗來說，畢竟品牌授權的本質還是希望能藉此獲利，至少一方還是要有特殊的資源或是品牌價值，才比較有成功的機會。

角色商品化權利

隨著市場的成長，角色經濟也成為了帶動品牌營收的重要推手，例如便利商店與熱門動漫角色 IP 合作，推出集點兌換贈品來帶動促銷活動的業績，或是在 LINE 上市的貼圖，經由角色商品化開發成周邊商品，將 IP 的商業效益發揮出來。通過授權，權利人進行角色的重要特徵在商品或服務使用，刺激喜愛該角色的消費者購買。

以 Hello Kitty 家族 IP 為來說，產品經由與日本五百多家公司，以及海外數百家廠商簽下的授權合約，替三麗鷗賺進龐大的收入。三麗鷗公佈了最新財年 2023 年 3 月期（2022.4.1～2023.3.31）業績，銷售額 726.24 億日元，同比增長 37.6%；營業利潤 132.47 億日元，同比增長 422%；純利潤 81.58 億日元，同比增長 138.3%。

而史上最賺錢的角色 IP 精靈寶可夢（Pokémon），根據《License Global》全球授權報告，授權商品零售額從 2019 年的 42 億美元，成長至 2022 年的 116 億美元，並成為榜單上全球第五大品牌。在另一份統計網站 Statista 的排行中，《精靈寶可夢》是截至 2021 年收入最高的媒體授權品牌，淨資產達 1050 億美元。

角色來自於各種小說、插畫、漫畫、動畫、電影、電視、玩具甚至是 vtuber 及品牌樣象徵物，運用各種不同的形式來塑造角色的生命力和吸引力，再運用授權、異業合作或是 LINE 貼圖及自有周邊產品的推出，來帶動整體的濟效益與營收。

而臺灣的角色創作者與經營團隊，近年也大有斬獲，甚至將 IP 推上國際，2023「日本授權展」台灣館主題為「Taiwan Content

Island 台灣巷弄最美的人文風景」，帶領 14 個台灣原創角色品牌登上國際舞台，同時也邀請 LINE 貼圖於貼圖平台設立精選推薦專區。

另外像是日本富士山臨近城市「吉田市」，也邀請台灣插畫家 Cherng 合作，在「西裏」例如店舖的外牆、下吉田、神社等創作，藉此吸引觀光客。

購買周邊商品的原因

其中有不少消費者的購物行為是屬於非理性的「衝動」購買，像是玩具收藏或購買紀念品都常有這樣的狀況發生，尤其是看到自己很喜歡的獨特物品時，那種不能自拔的感受，更是常常出現於偶像團體周邊、限量公仔、品牌限定商品及特殊服務（演唱會、實體活動）等情況。

以航空公司自有品牌的周邊商品來說，印有商標的飛機模型、空服員公仔、鑰匙圈、造型悠遊卡、特定 IP 聯名的衣服或用品、品牌周年紀念等，都具有市場差異及獨特性。但像是實際服役飛機上的退役餐車、甚至是機窗、座椅，都是一般市面上可遇不可求的稀有收藏品，我還曾聽過有人想買機長的座椅，甚至飛機引擎⋯⋯只能說有錢人的世界，真是令人瞠目結舌。

不少收藏家會跟與自己興趣相投的其他同好一起交流，一來是有助於資訊與商品的流通，二來則是對品牌可能推出的產品及創新想法集中建議。這時原本關注特定航空議題的消費者及品牌周邊的收藏者，也可能為各家品牌產品開發找到未來的方向與商機。

尤其是當整團旅客有人開始購買周邊商品時，那種從眾效應所

引發的購物氛圍,再加上多數人在旅遊時都放鬆了心情的情況下,只要空服員透過廣播引導並為旅客奉上精美的型錄,不論是一般航空公司或廉價航空公司的品牌周邊商品,都有機會能順水推舟的銷售出去。

維持創新才有商機

這些機上的品牌周邊商品,在消費者的眼中,過去除了透過搭乘飛機時,能在買免稅商品時一併購買,之後也能夠在限量線上購物及特定的通路平台上得以入手,因此在市場具有一定程度的稀缺性。從推廣行銷的角度延伸,不少消費者經常搭乘特定航空,所以會有相當多的里程累積點數,因此也會產生希望用點數兌換贈禮的需求,若航空公司能提供更多此類服務,也能使喜歡品牌周邊商品的支持者更容易入手,讓品牌價值持續提升。

對航空品牌與消費者整體的溝通來說,議題造勢也是相當重要的一環。透過行銷方案使消費者情緒高漲、誘發消費者的購買意願,再加上周邊產品的故事行銷,結合感性訴求連結,最後再透過外部的媒體曝光及消費者自身分享,持續不斷營造出品牌周邊商品的價值與購買意義。尤其是除了特定商務人士外,多數消費者並不會時常搭飛機出國,然而只要能經由品牌形象塑造吸引消費者購買周邊商品,便強化了消費者與品牌之間的羈絆。

2.4

異業結盟

從單打獨鬥走向合作

當我們走進超商，發現知名的早餐店或砂鍋魚頭已透過聯名的方式能免排隊輕易購買；或是經典遊戲機的手把成了悠遊卡，不但吸睛而且實用；甚至在賣場買東西時，發現自己居然可以透過集點換購，獲得自己喜歡的動漫周邊商品，這些都是藉由品牌與品牌之間的「跨界合作」所呈現出的多元商機，也讓消費者能更常看到原本喜歡的品牌經跨界合作後呈現出另一種面貌。

像是馬祖國際藝術島與臺虎精釀啤酒異業合作，推出藝術島限定包裝共有4款，分別印上連江縣四鄉與藝術島主題「生紅過夏」，並且限定在馬祖全家超商獨家販售。這時從城市的節慶行銷再加上了商業品牌的合作，也能更深化消費者的體驗，甚至提升當地的消費機會。

過去國內的餐飲業的發展歷程中，由於不少採取傳統經營模式，相對於國際連鎖品牌的大規模發展，更習於在連鎖加盟及品牌發展的拓展上單打獨鬥。後來歷經兩岸連鎖品牌前進潮，再到本土品牌逐漸由新世代接班，不少年輕一代的創業者投入市場，使得不少連鎖加盟的餐飲品牌比以往更有意願進行跨界合作，以提升長期營運的競爭力。

品牌效益的連結

事實上異業合作指的是不同的「產品及服務品牌」或是「企業組織品牌」之間針對特定的目的來進行合作。像是針對同一個通路一起開店及資源共享，或者是聯名生產新的商品、推出新的服務，

都可說是異業合作中常見的型態。尤其我們甚至發現，兩個看似競爭的品牌一起合作或不同領域的業者因合作產出令人驚豔的產品時，更加能抓住消費者目光。

例如 2024 連鎖超商推出聯名款福袋，全家有 18 款福袋，其中 11 款是聯名肖像款，像是雙星仙子、航海王等卡通動漫，7-11 也推出 Hello Kitty、史努比款，萊爾富則跟動畫七龍珠推福箱。我認為只要聯名的動漫作品是夠具有吸引力的，或者是聯名 IP(智慧財產權) 是有一定特色的，消費者其實都有可能會考量購買。而且若是消費者本來就剛好就需要，例如說一個盒子或一個籃子，甚至福袋內的公仔，消費者本來就有收集的意願，這樣子的聯名福袋價值就會提高。

異業結盟也可以透過資源的分享來達成。像是在新產品研發時雙方提供互補的專業知識，或是兩方藉由各自擁有行銷模式，降低開發與溝通成本。跨界聯名也常常因為讓人意想不到的創意，而使消費者感到驚喜，提升關注度。通常，也因為推動聯名的其中一方品牌擁有較大的品牌聲量，因此能更快帶動大眾媒體與社群關注，這時對消費者來說，異業結盟的雙方或多方結合的程度，以及是否能維持各自的優點，也就成為消費者選購時評估的重點。

例如 2023 萬聖節六福村攜手彩妝品牌 1028，以及屈臣氏 (Watsons) 異業結盟三品牌同慶萬聖節，推出六福村專屬限定 Renee 限量聯名彩妝組，現場購買還可以加價 $200 元，由專業化妝師畫出萬聖節應景、搞怪的彩妝圖形。同時還可在屈臣氏全省指定門市購買閃耀組合 (限量 500 組)，有機會可以抽中六福莊住宿。這樣的合作從產品到促銷方案都互有連結，還能創造節慶的使用場景，提升消費者的整體認知。

品牌跨界的應用延伸

品牌透過跨界合作達到接觸新消費群體的機會,也擴展了消費場景的使用範圍。像是《Star Wars 星際大戰》經由與超商跨界合作後,推出了可以烙印上 IP 圖案的烤麵包機,就是一個成功拓展品牌與消費者接觸領域的成功範例。

跨界合作在許多不同的領域,都能幫助原有品牌找到更多的商機;合作的兩個或更多品牌之間,因為合作對象與原有品牌的形象不同,所能觸及的族群不同,也能跨界達到形象轉換的機會。

例如代表台灣的大同電鍋、鼎泰豐和台灣啤酒等品牌,透過與 Uniqlo 優衣庫的合作,成功使品牌達到了年輕化的訴求。

透過創新的思維,無論是電影圈、動漫圈或藝術圈,甚至是服飾業、電器業以及食品和連鎖通路,這些年在台灣市場都激起了許多火花,也引發了不少話題。

不同品牌的合作也同時形塑出品牌的共同價值,甚至因為推出獨創商品,進而創造出一波波的市場熱度。像是 Mister Donut 與 GODIVA 合作的巧克力甜甜圈,創造了搶購的熱潮,更使異業合作店鋪一度成為當時的打卡熱點。

跨界合作的評估

要做好跨界合作就得先明確雙方的目的,不同的合作方式與深度將直接影響專案能否達成效益。尤其是品牌對自身和消費客群的認知與了解是否足夠,以及對合作品牌的熟悉程度都很重要。也因此,要完成一個成功的跨界合作,重點在創造合作品牌彼此之間

的關聯性，使雙方維持相當程度的品牌形象一致，但又能在矛盾及「適度違和感」中，創造出成功吸引消費者關注的話題。

　　由於多數異業結盟都有階段性目的，所以販售的產品服務常具備限量的稀缺性特色，使消費者產生應該把握機會盡快購買的壓力，同時藉由及時購買的刺激，便容易成為社群上炫耀的題材。例如 Louis Vuitton 在上海聯合三家咖啡店打造了「路易威登限時書店」，只要在店內購買兩本以上的書籍，便可得到一只印有 LV 商標的帆布袋，而店中銷售的書單本最低售價為人民幣 290 元，也就是說，消費者想要得到限量的 LV 帆布袋，至少得花費新台幣 2550 元。此舉成功讓品牌產生下向兼容的話題性，拉攏年輕消費者趨之若鶩。

異業合作的四種模式

　　透過合作品牌雙方與目標客群既有的接觸點，覆蓋認識更多目標消費群的購買機會，並藉由跨界合作了解合作品牌的產業知識與行銷操作關鍵，經由新的刺激元素，有幫於品牌在營運上帶來內部提升。

一、識別元素合作：

　　將品牌名稱、標誌、象徵物等元素，或是品牌當中具有代表性的符號元素，透過合作授權的方式允許對方運用。例如國際化妝品品牌與知名藝術家的跨界合作，運用了標誌性的普普風元素，作為產品包裝及行銷議題的連結。

二、創新產品及服務合作：

將品牌中原有的製作方式、材料、口味等元素，藉由合作品牌的重新製作生產，藉此推出新的產品及服務。例如速食店品牌與台灣在地酒的品牌跨界合作，推出期間限定新品，帶動消費者嘗鮮購買意願。

三、行銷傳播合作：

運用合作品牌的線上平臺或線下門店資源，充分發揮各自的通路及傳播優勢，達到相互為對方品牌曝光的效益。例如餐飲品牌與陶器專賣店跨界合作，結合限定餐點與手作陶藝體驗，達到話題討論的效果。

四、商業模式合作：

運用合作品牌的成功商業模式，作為互相支援及延伸的一部分，不但降低相互競爭的可能性，更形成聯盟形式的合作關係。像是不同的餐飲集團結盟開拓新市場，甚至一起開店或是推出組合套餐商品與服務。

長期合作提升營運競爭力

像是王品及典華也都因應時局，曾將旗下的不同品牌進行異業合作，像是消費者可以用訂閱制的方式，吃到多個品牌的美味餐

點,而各品牌也能藉此開拓新客源;同時因為是集團內的品牌結盟,當我們的生活回歸正軌後,也能繼續利用會員機制進行延伸性服務,持續帶動各自品牌的行銷效益。

當異業合作是一種長期的策略結盟,雙方在合作前期必須付出相當的信任,才能為彼此合作的品牌效益帶來較為長久的影響力;同時雙方更需要擬定完整的合約規範,確保各自的權利與義務。像是上市公司揚秦（2755）旗下品牌的「炸雞大獅」,與雅茗—KY（2726）的「快樂檸檬」,便是基於產品的互補性善加應用資源,共同攜手組合進軍美國,搶攻海外餐飲市場。

長期的異業合作經由雙方共享各自的生產服務的專業技術優勢或擁有的行銷管道,在互利互助的前提下一起發展,通常能使合作企業在面多變、複雜的經營狀況下更快進入目標市場;甚至當部分加盟主有興趣同時加盟多個品牌,或消費者每次購買總希望將異業合作的品牌商品同時一起購入時,品牌間的持續合作也就更加穩固。這時,雙方的策略能否持續結合,為彼此合作提供重要資源相互助益,都影響了未來長期共同發展的可能性。

短期合作引爆話題討論

過去短期異業合作的例子,像是麥當勞聯名 hello kitty 造成的搶購風潮,再到便利商店各式滿額消費的聯名公仔,這些短期的異業合作均是針對品牌雙方的階段性需要,以專案方式合作行銷。當異業合作的品牌之中的任何一方擁有相當數量的支持者時,就能藉由異業合作的話題性來吸引消費者,同時藉由媒體及社群操作引發關注。

創新好商機 02

例如手搖飲品牌「不要對我尖叫」跨界合作三星手機推出飲品、五桐號結合韓國人氣文創牌「Dinotaeng」推出限量包裝與贈品、清心福全與哥吉拉跟航海王等 IP 合作，推出加價購的聯名周邊商品外，還重新布置了店內的相關宣傳海報與陳列；甚至是麻古茶坊和運動品牌 PUMA 推出的聯名特調飲品，都是讓消費者耳目一新的異業合作型態。

短期的異業合作在行銷傳播上，彼此的宣傳管道都應該協助露出品牌的活動資訊，但由於原本雙方原本所各自擁有的消費者有所差異，因此也得適度的調整廣宣內容用語。另外不論是國內本土品牌間的合作，還是國際品牌與本土品牌的結盟，當階段性任務達成後，是否應避免在短期內與對方的競爭者再合作，甚至藉機推出與對方服務相似的自有產品服務，都必須審慎應對。畢竟從商業角度來說，短期合作講求的是立即性的效益，只要雙方的合作不會帶來危機並產生業績，多半都還是能正面看待。

評估雙方的配適度

對於連鎖品牌來說，尤其是餐飲業的一般消費者均重視自己選擇的品牌之主觀印象，同樣是牛排品牌就是有金字塔頂端與庶民品牌之分；同樣地，當品牌想進行異業合作時，結盟的對象也必須慎選。例如給人年輕有活力印象的咖啡品牌，若希望異業合作能帶來嚐鮮型的客群時，可以選擇與合作對象共同推出新產品，像是路易莎聯名泰國椰子水品牌「IF」推出生椰咖啡系列。

考量雙方品牌定位與市場地位合作的最大效益，與航空公司、五星級飯店聯名的超商便當，便是雙向連結跨度最廣的絕佳案例。

擁有相當市場地位與消費門檻的高端品牌，與擁有不少願意嚐鮮龐大消費客群的超商品牌，雙方異業合作所產生的效益，不但為超商提升了產品的客單價，也使高端品牌有機會接觸到更多的潛在消費者，甚至因此提升了這些消費者未來前往高端品牌消費的機會。

當兩個以上異業合作的餐飲集團品牌進軍新市場，甚至是國際市場時，長期的合作策略確實能使品牌資源的應用更為有利，然而新市場消費者的購買習慣是否與原來一樣，就得仰賴企業對市場進行更多的調查了解。尤其在雙方長期合作綁定後，消費者也容易產生既定印象；就像吃麥當勞就該搭配可口可樂，每逢耶誕節就期望品牌聯名推出紀念杯。品牌長期異業合作，仍必須持續評估合作效益，當兩者的整體策略發生變化時，後續的因應調整也是很重要的。

當異業合作裡的其中一方具有較好的技術資源，像是管理經驗、行銷方式及通路物流系統，而另一方擁有較獨特的文化及故事背景時，後者雖然看似為前者的負擔，但卻是成就消費者品牌忠誠度的支持基礎。所以市場上常常會看到動漫 IP 與餐飲品牌合作，除了能有「詩和遠方」的美好外，也能激盪出更有創意的新產品及服務內容，畢竟對多數餐飲品牌來說，降低風險創造營收，才是異業合作的原因。

創造效益才是關鍵

《元行銷：元宇宙時代的品牌行銷策略，一切從零開始》一書指出，不論是哪種型態的異業合作，從實體到與虛擬的結合、產品與服務的聯名，或是像肯德基與遊戲「原神」的線上線下聯動，又

或者是可不可熟成紅茶 KEBUKE Tea Co. × PEANUTS 花生漫畫史努比 × 故宮雙品牌 Tales 神話言的三方異業合作，都可以發現餐飲業的跨界合作越玩越勇敢。

　　換個角度想，透過異業合作也使消費者獲得了 CP 值更高的產品服務。當迪士尼樂園的類似玩具要價上千元，透過跨界合作的超商集點只需要一半的價格；一碗在五星級飯店消費的牛肉麵，通路聯名款要價等於打了七折……談錢固然現實，但這確實是消費者接受品牌聯名商品的原因之一。也因此如何更進一步擴大品牌本身的延伸效益，成為了跨界合作更被重視的關鍵。

　　另外例如燒肉中山聯名旗下品牌四行倉庫套餐，推出更高價位的產品組合，或是石研室聯名師園推出「鹽酥雞火鍋」的自助 bar 吃到飽，以及各頂級餐廳聯名威士忌品牌所推出的進階版餐酒套餐，這些合作對消費者來說，既能帶來新鮮感，又能增加話題性。

　　其實有不少消費者會為了獲得自己喜愛的品牌商品而願意以購買行動支持，也因此跨界合作所帶來除了實質上的收益外，更多是社群上的互動與議題曝光。只有企業品牌持續發揮創意，推出讓消費者驚喜、甚至是感動的商品服務，才能使跨界合作為品牌帶來最大的幫助，而不只是曇花一現。

　　然而，在商言商，異業合作畢竟最終還是得講求效益，若合作的過程不愉快、推出的產品滯銷，或其中一方消費者認為兩個品牌的配適度不足，無意下手買單；或者即便雙方合作愉快，也確實創造了效益，但各自的算盤考量不同調，這樣的異業合作也無法長久。因此，把握每個合作愉快的當下，同行若能走得長久，就好好珍惜，這或許是品牌異業合作者都該擁有的關鍵思維。

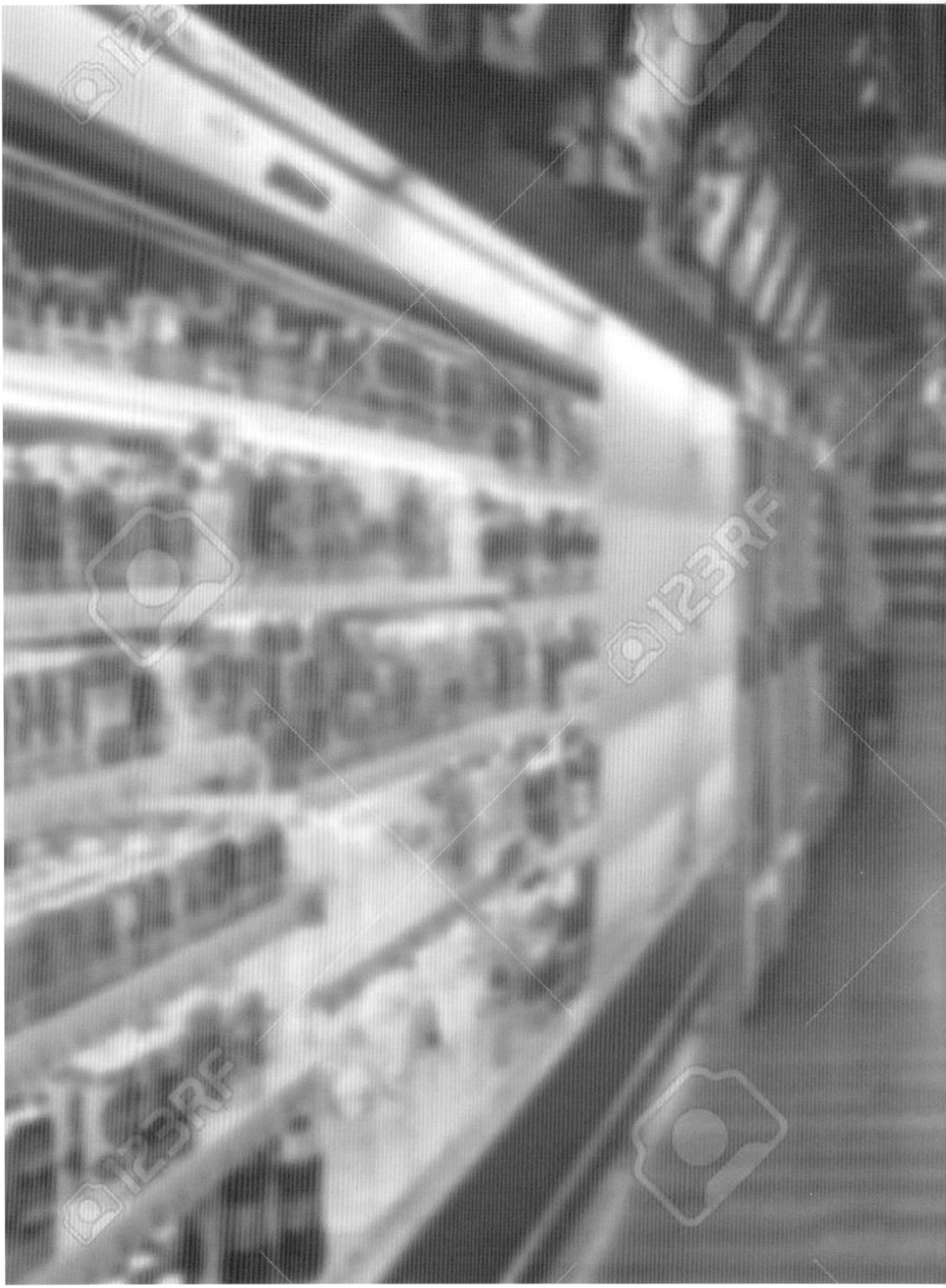

03
連鎖加盟

在變動劇烈的時代，打群架的策略可能更有力量，但是要加入什麼樣的加盟體系，甚至是品牌自己希望能建立加盟總部，都需要具備更完善的評估與規劃，才能走得長久。

3.1

連鎖
品牌

創新好商機 03

大者恆大的考驗

　　我發現,近期許多連鎖企業已有不少開始尋找新商機,包含餐飲、手搖飲,甚至咖啡,都積極投入推動連鎖加盟及國際化的行列。連鎖加盟的創業型態在台灣算是相對成熟,加盟者投入資源和總部品牌建立關係,透過品牌經營管理行銷等面向,彼此形成利益共同體。相對於獨立開店,連鎖加盟的經營方式能降低一些不確定性,最明顯的就是當市場發展性仍趨保守的情況下,有知名品牌提供完整的原物料供應系統與專業營運管理的導入支持,確實可以降低失敗的風險。

　　2023年商業發展署調查顯示,台灣連鎖加盟產業隨行業、規模與發展階段的不同,選擇的發展策略也有明顯的不同。大型零售業更偏向直營發展,而咖啡、簡餐和餐廳業也以直營營收為主,但與之相對的中小型業者更偏向直營與加盟並行。零售業偏好直營經營,尤其是企業年資超過20年以上的業者。但是餐飲業老品牌偏向直營,而新品牌則是直營與加盟並行。

　　對餐飲集團而言,有越來越多的新品牌擴張事業版圖固然是好事,但在此同時,主要品牌的特色與光環仍須維持,不能失去特色,否則一旦消費者無法將新品牌與集團的關聯性產生聯想,其實新品牌也不過就只是個獨立作戰的小品牌,沒產生品牌綜效。若集團品牌形象塑造不明確,當組織品牌想經營多品牌產品策略時,集團本身必須要為消費者和投資者認知建立更明確的主題形象,尤其是創造組織品牌形象的價值。

　　當集團品牌還未能將剛推出的新品牌打穩基礎,就急著推出新品牌,這就是新品牌的過度擴張,對消費市場來說並不是在提升品

牌價值，反而容易造成品牌資源分散。一旦指標性品牌光環消失，在集團中最高價的領頭產品品牌無法成為集團航空母艦擁有強大火力時，消費者也難以維持對該品牌及其他子品牌的認同感。

市場競爭更加劇烈

據我觀察，餐飲市場上重點品牌的競爭對手有增加的趨勢。在過去的市場中，高價位牛排餐廳並不多，但近年來以高檔食材為訴求的餐廳大量興起，競爭明顯加劇。甚至是價位相近又有米其林評鑑加持的餐飲品牌更是勁敵。當餐廳失去獨特的服務特色是因為曾經有段時間大家認為服務無需這麼多贅詞動作時，其實真正該調整的不是放棄自己的特色，而是強化與消費者溝通並調整服務方式，依然要維持品牌自身的獨特性。

當消費者的餐飲需求改變，越來越多消費者不再是以「收入」或「身分」來選擇餐廳，而是以「目的」和「話題」來決定選項，因此當既有的選項無法創造話題時，至少要塑造讓消費者必須前往的理由。

當消費者無法了解集團旗下眾多品牌與集團之間的關聯性，對消費者缺乏一致性的品牌形象溝通時，品牌未能產生綜效，集團旗下的小品牌就只能單打獨鬥、獨立作戰。有些代理商型態的餐飲集團，擅長將別人的成功品牌複製、維持，並發揮價值；有些善於自創品牌的餐飲集團，則是專注思考先把一件事做到極致，然後做大做好。這就是為什麼台灣人到了海外，看到鼎泰豐會覺得感動一樣。至少品牌一定是做對了些什麼，對品牌和消費者來說，真正最重要的，就是品牌帶來深植人心的美好回憶。

連鎖加盟產業的下一步

　　很早之前，國內的商業環境中就已經有不少企業，透過連鎖加盟的方式使品牌持續發展。當市場需求尚未飽和之際，為使品牌成長，企業可以選擇先累積自身的資本實力再逐步擴張；但是當後進經由模仿或改良市場現有服務，具備降低產品初期開發成本的競爭優勢，且市場需求趨近滿載，競爭者紛紛出現，國內連鎖加盟發展越趨成熟，競爭日益白熱化時，品牌規模的擴張便是占據市場的重要策略。募集加盟主以提升利潤也是在短時間之內達成搶攻市占率的方式之一。

　　選擇採用連鎖加盟方式經營的品牌，必須考慮產業是否合適、如何兼顧服務品質、消費客群對加盟的接受度等等。透過加盟者與加盟主雙方在投資上達成的合作協定，自身資本雄厚的企業能迅速將事業發展到自己想要的規模，達到品牌推展的效果，也使加盟者以相對安全的模式創業，實現自己當老闆的心願。透過連鎖加盟授權加盟主使用品牌，除了能因加盟投入資本創造獲利，同時也讓品牌的能見度快速提升。

　　以台北國際連鎖加盟大展秋季展來說，據我的觀察，發現有包含國際買主增加、年底國際簽約數提升，以及年底國內加盟創業新高的趨勢。根據主辦單位台灣連鎖加盟促進協會統計，2023 年進場觀展人數較去年同期成長 9%，加盟簽單率成長 10% 以上，預計超過 1000 家實體店鋪開幕，將會帶來近 20 億台幣商機，讓全年度加盟周邊商機衝破 70 億元大關。

　　不論是加盟總部的商業模式，還是加盟主的單店獲利，只要能被市場接受就能穩定成長。當然在總部品牌在資本擴張的同時，也

能為加盟主帶來利潤,分享品牌經營、服務品質及行銷溝通的共同成果。然而成功的加盟總部,所必須面對的經營管理層面也較單店更為複雜,像是品牌形象、人才培訓、加盟店的服務流程規劃等,也因此不少連鎖總部都有自己的制度規章,詳細規劃加盟主店內培訓從店長到所有員工的相關標準流程。而其中最重要的,就是品牌在擴張的過程中仍必須堅守品牌文化、維持品牌理念的內在核心價值。

連鎖加盟經營模式的不同

連鎖加盟的經營模式,由加盟主定期支付權利金給加盟總部,作為其經營指導的利潤回報,而業者加盟之初總部所提供的品牌使用權是有價的,因此這一點也會顯現在權利金的酌收上。由於加盟主的營運有相對的獨立性,也能自行透過服務提升來增進消費者忠誠度,這同時對品牌的發展也是種貢獻。當「元行銷」的時代來臨,許多以往加盟關係所訂定的權利義務,或許也應隨時代變遷有所調整。在相對飽和的市場中,細分市場的品牌定位將更為重要,尤其是競爭對手無時無刻都可能提出更能滿足消費者的產品及服務時,連鎖總部勢必得投入更多的研發及行銷成本,才能使加盟主願意持續繼續跟隨。

近年來老品牌的轉型與再造是重要挑戰,這些連鎖企業經過多年發展,已養成既定的消費群體和營運機制,但是當加盟主也開始進入二代接班的狀況下,就有可能不願再墨守成規,甚至考慮更換加盟品牌。這時的加盟總部必須思考,是否先從現有的自營店開始示範轉型,一方面是因為可控性高,二來也能藉此證明轉型成功的

可能性,接下來就是從現有的加盟主中尋找轉型意願較高的人為代表,並給予較佳的合作條件,同時評估招募新加盟主,重新培養品牌認同度高的合作夥伴。

新世代的連鎖總部與加盟主之間的關係,因時代變化也產生了不同的考量,彼此既是合作關係,也是客戶關係,加盟總部必須觀察並評估加盟店的營運效益,以決定雙方是否持續合作;而加盟主也在評估,加盟總部是否真的有能力維持強而有力的品牌形象,且能公平的看待加盟雙方的利益,甚至是否具備數位與末端消費者管理能力,持續擴大客戶群體並滿足加盟業者的需要。

最終,能否使加盟者投入的資本獲得預期的回報才是最為關鍵的答案。只要加盟主能對加盟的品牌感到驕傲,甚至在品牌面對危機時也願意站出來一同捍衛品牌,這才真正落實了「元行銷」的核心概念。經由加盟總部與加盟主將彼此的關係與身分結合,不論站在經營者、行銷者與消費者的不同角度時,都能打從內心認同品牌,也才能讓品牌擁有持續不斷前進的成長動力。

3.2

加盟主

創新好商機 03

離職創業潮，加盟行不行？

又到了不少人領完年終獎金的離職潮，一些受夠了社畜生活的朋友，動念考慮加盟創業，在發展個人空間的同時，相對創業的風險也沒那麼高，也能有與品牌共同發展的團隊歸屬感。然而加盟總部的選擇，卻是一門很大的學問。選擇加盟確實可以降低許多創業的不確定風險，能獲得加盟總部的支持後援，就等於有了事業夥伴能共同分擔經營責任。因此，慎選理想的加盟總部，也成了許多加盟主的創業功課。

加盟總部對於如何使品牌持續穩定經營，並實現合約對加盟主的獲利承諾，以達成團隊彼此的雙贏，關鍵在於妥善的管理制度與加盟主的落實實踐，其中包含了總部的品牌可信度及行銷續航力。提升門店作業標準化的同時，兼顧各商圈與不同消費型態間的彈性需求，是使加盟主產生加盟意願的原因之一。

品牌開放加盟目的在於擴張規模，搶佔更多的市場份額及品牌能見度，通過提高市場佔有率和品牌影響力，也讓加盟主更信賴並依靠加盟總部。這時，加盟總部供應鏈的專業程度、標準要求與規模大小，也就影響了加盟主的營運成本。像是漢堡的麵包與雞腿排的大小重量，或者是酸菜魚的預製菜色成本，能否在市場原物料成本波動時維持加盟店的競爭力，在在都考驗著加盟總部的營運能力。

在選擇加盟總部品牌之前，我們應該做到以下五點：

一、全面考察並了解實際市場。

二、透過自身消費感受產品力。

三、訪查其他加盟主確認品牌力。

四、對於創辦人及團隊的了解。

五、比較其他競爭品牌的相對感受。

　　為了降低加盟主的認知落差與可能造成的失控風險，加盟總部必須謹慎選擇合作的加盟主，持續提供完善的培訓並溝通品牌共識。同時為了確保加盟店的品質服務，加盟總部也必須清楚說明需要持續培訓的項目，像是現場服務流程、新產品及行銷專案的執行訓練、以及凝聚品牌共識等。

　　很多時候，為了解決缺工問題、改變現有的工作模式與制度，或提升就業者的自我認同感，有些餐飲業品牌會選擇將加盟制度與儲備幹部培訓結合，形成「合夥加盟」模式，吸引優秀的人才加入；一方面透過培訓及職場養成厚植現場人力，另一方面可以確保加盟者對品牌的認同度與共同發展意願。

加盟前的了解

　　加盟主須留意契約中所載明的合作內容提供之資源，是否足以使加盟者能照本宣科順利執行業務並快速掌握要領，且透過參與加盟簡化產業所需原料的採購規模，大幅降低營運成本，減低創業難度，而使營運順利。相較於選擇單店自行創業，除了得承受開業資金難以精準預估、專業技術不足缺乏後援的風險外，且創業初期公司商品品牌辨識度低，民眾可能因陌生而缺乏購買意願，導致初期營運業績提升困難。

　　至於投入連鎖加盟的創業機會中，必須先做好哪些功課、確認方向，尤其是品牌想持續發展，甚至有意建立加盟總部的業者，都

必須善加評估需要準備些什麼。

一、前期評估

- 現階段的資源與規劃是否適合開展連鎖經營？啟動條件與時機為何？
- 團隊中是否具備瞭解行業特性又熟悉連鎖經營運作的複合型人才？
- 指標旗艦店是否已經成熟，本身的獲利模式又是否具有獨特性及差異化。
- 是否排定連鎖計劃的發展時間表作為計畫進行依據？加盟或合作的對象是否有明確輪廓？

二、核心能力建置

- 市場的研究和分析。
- 整合行銷知識和技巧。
- 戰略發展的思維。
- 設計或導入知識管理系統。
- 供應鏈的控管機制。
- 品牌意識與再造能力。
- 具有競爭力的商業模式。
- 成熟的人員管理標準。
- 數位化的資訊導入。
- 危機處理能力。

3.3

加盟
總部

搞懂加盟總部的選擇標準

　　自從咖啡風潮、手搖茶風潮至今，越來越多人有意獨立出來自己打拼，換取更好的收入生活。然而加盟主常常在選擇合作對象時，希望能透過加盟知名品牌，為自己爭取到最佳起跑點。據我過去的工作經歷，像是大型連鎖書店、居家產業，甚至是中藥產業等，剛好都能較為完整的接觸到企業連鎖加盟的概念。

　　社團法人台灣連鎖加盟促進協會 2023 年舉辦第一屆台灣優良加盟總部認證，總部認證標準以 ESG 為核心架構，第一步依照政府法令遵守規範，並協助盤點建構連鎖加盟應公開揭露文件、並審查總部財務健全程度。第二步依照公司治理的架構，審視加盟總部建構內部管理、教育訓練、產品製程以及人員服務管理等標準化作業手冊。最後是依照企業永續發展，對於導入責任採購、節能減碳等面向來採計審查計分。這次通過認證的 13 家台灣優良總部包含有 Y.A.S 鞋類洗護中心、韓姜熙的小廚房、阿偉飲品專賣店、Mr.Wish、豚將日本拉麵專賣店、青青格麗絲莊園、初韻、Tea Top 第一味、晨間廚房、麥味登、蕃茄村漢堡、鮮自然、鮮茶道等品牌。

　　我在本書跟大家分享——台灣連鎖暨加盟協會為了提升社會大眾與加盟主對品牌的信任為前提，提供有意加盟者選擇加盟總部時適切的參考指標，訂定了品牌應主動自行揭露的資訊，以作為加盟主選擇加盟品牌時的參考標準。

　　然而，加盟品牌是否具備創新的商業模式能實際成功獲利，才是加盟業者真正關心的重要指標。連鎖品牌要如何適應環境條件與市場變化，並有效滿足消費者需求，就得具備面對不同環境經濟發

展變化下的消費心理與購買行為之獨特因應策略。但是，一般連鎖品牌在營運初期，加盟總部若是沒有整體規劃概念的完整思維，很可能在競爭失利下導致品牌退出市場或被迫轉型，因此，連鎖品牌的競爭力相當重要。

　　以前市場上很多連鎖加盟的參考資料，都來自於國外的大品牌，透過不斷進行本土化與市場融合，才逐漸形成「台式連鎖加盟總部」的概念。然而許多資料也因年代久遠而無法找到原始的來龍去脈，內容也會隨著潮流變化而有所調整。我特別在書中整理分享，自己當時還在連鎖系統服務時所保留下來，融會前人的智慧累積，並加以個人獨特的見解更新，彙整出「台灣加盟總部登記資料」所需的相關內容。當然部分內容有可能現在已又有補充更新，甚至也可能產生了其他評估加盟總部的新方式，但以下內容至少能讓有意加盟的朋友藉此對加盟擁有一個初步的概念。

公司簡介

　　有制度而且品牌上軌道的公司，多半都有公司簡介，在簡介中可以初步瞭解該公司的發展過程、品牌文化、理念與願景等，加盟者應考慮這些文化、理念與願景是否與本身期待相符，以免造成加盟後與總部產生認知落差的問題。

必需揭示之事項

壹、加盟總公司之基本資料

一、基本資料

1. **公司名稱與店鋪名稱**：公司名稱與店鋪名稱（商號），均須向主管機關立案申請，但為了讓消費者耳熟能詳，店鋪名稱與公司名稱不一定相同。
2. **營利事業登記證**：是否具備營利事業登記關係到加盟總部是否合法，除此之外更必須注意登記證上的營業項目是否與實際相符。
3. **資本額**：總部資本額是考量總公司安定性的一項重要指標。
4. **公司與加盟體系成立日期**：品牌總部的成立時間長短對比市場接受度也是營運是否順暢的參考條件之一。
5. **主要營業地點**：由主要營業地點中，可瞭解總部是屬於全國性或地區性的組織。此外加盟者亦要考量到行業別與地區分區使用限制是否相符，以及該行業適合於哪種分區中經營。

6. **地址、電話、網址**：總部是否坦蕩公開相關資訊供有意加盟者查詢也是誠信的參考指標之一。
7. **員工人數**：這一點可能影響到總部後勤支援的品質，因此加盟者應進一步瞭解總部相關部門的組織及人力狀況。
8. **開店平均坪數**：坪數除了關係到加盟者計劃開店的所在地點之外，同時更與加盟者本身的管理能力及將來的各項經營費用息息相關。加盟者應衡量自身能力與財力，選擇適當坪數的事業加盟。

二、加盟總公司當前或擬從事之事業及營業事項

1. 目前從事的行業是總部的營業項目，未來擬從事的事業將可能影響到公司的規模與遠景。但如果目標與實際差距很大時，加盟者應再進一步瞭解其相關原因。

三、加盟總公司應授權有意加盟者使用品牌之商標、標誌、廣告、著作權或其他等宣傳資源

1. 加盟的好處之一，便是取得品牌商標商號的使用權。加盟者必須注意的是，當您加盟以後，公司授權您使用哪些具有使用專利權的項目？可能包含品牌商標、商號、廣告使用權等。同時必需注意的是，這些項目加盟總部本身是否已取得合法的使用權利，以及加盟主使用專利的權利、時機、地點與停止使用的相關限制與條件。

貳、連鎖加盟總公司董事長、總經理資歷背景介紹

一、高階主管是公司經營推動的連鎖加盟品牌的領導者，為了您的權益，總沒有人希望加盟總部的老闆有什麼信用或財務的重大問題吧？瞭解公司高階主管的背景，也是您選擇加盟對象時應考量的因素。

參、加盟總公司過去的企業經營歷史

一、過去曾提供或銷售加盟事業之歷史與名稱：為了加盟者的權益，加盟總部必需揭示過去是否曾發生連鎖加盟失敗，或經營不善等相關紀錄。如果加盟總部有此情況，加盟者必須瞭解其原因，雖然曾有不良紀錄並不代表現況一定不足以信任，但仍須留意可能的風險問題。

二、加盟總公司所經營的其他連鎖加盟事業：一般而言，總部的規模越大，可能擁有的資源較多，但同樣的，如果總部同時經營其他的連鎖加盟體系，那麼您也必需進一步瞭解其他體系的經營狀況。

肆、加盟總公司之營業情況、經營型態及營業對象之說明

一、加盟總公司之營業情況：要求總部提供各項數據，是瞭解公司營業情況的最佳方法，如店鋪成長、營業額成長、毛利、成本開支。

二、營業對象：主要消費族群，可以年齡、身分、性別區分，瞭解該行業的主要消費群，再和店鋪地點主要商圈內的人口組合結構進行比較，有助於您在選擇店鋪地點上的評估。

伍、加盟者必須支付總公司的投資款項

一、期初準備金：期初準備金指剛開始加盟必須準備的投資款項，內容可能包含：
　　1. 加盟金：取得使用總部品牌商標、品牌商號權利的費用。
　　2. 保證金：取得加盟主信用及保護總部權益的費用。
　　3. 裝潢金：店鋪裝潢費用。
　　4. 設備購置費：購買機器設備的費用。
　　5. 其他。

二、當中的細節包含：
　　1. 加盟總部要求的各種項目及金額數目。
　　2. 各項內容及金額與店鋪將來營收、總部提供的 know-how 及支援相互比較，收費是否合理？
　　3. 各項金額（如裝潢費、購置費……等）是否訂定收取標準並提供使用明細。
　　4. 哪些項目與金額是由總部收取，以及該費用的繳納方式、地點與時間為何。
　　5. 這些費用及設備是否可以退還？其退還的條件、金額為何？並瞭解條件內容與規定。有時甚至有品牌要求加盟者在合約時間內退出須賠償違約金，因此加盟者應仔細瞭解總部的退款情形。

  6. 期初準備金，除了總部所列的各項金額外，加盟者是否必需再額外的付擔其他費用。
三、加盟者應持續支付給總公司之各種款項：有時加盟者加盟後，必須再定期支付各種款項及金額給總公司，加盟者應詳加瞭解各種款項的收取原因。
  1. 權利金：加盟店使用品牌商號、品牌商標之相對報酬率，其收取的原因可能包含：持續使用技術及知名度，或本部持續指導的費用。
  2. 廣告分攤費：為增加店鋪營收而必需支付的廣宣費用。
  3. 同樣的除了瞭解各款項收取原因外，加盟者也應該瞭解各款項的金額、繳交時間、地點、方式，以其總部對該筆費用的使用情況。
四、加盟者應不定期支付給總公司之各種款項：為了避免加盟以後，總部假借名目，任意收取費用。因此加盟者要瞭解可能產生收費的狀況，如因設備老舊必需更新，或當公司因營業需求必須全面加裝某種器材或儀器設備，是否有跟加盟主協商及確認評估必要性的相關程序。
五、教育訓練費：加盟總部為了協助輔導加盟者，常會安排許多訓練或實習的課程，並且以此為宣傳號召，加盟者除了要瞭解這些訓練的項目及內容外，更應該知道是否需額外自掏腰包，並評估這些訓練的實質效益。

陸、加盟者參與事業經營之資格與條件

一、這個部份主要讓有意加盟者考量自身的資格與條件，適不適合

加盟該公司或投入該行業，畢竟除了資金以外，加盟者的工作態度、投入工作的程度、時間、營運能力、家人的認同⋯⋯都是必須考量的因素，以免因為個人的家庭問題導致加盟失敗。

柒、現有店數統計

一、店數是考量總部規模的方式之一，由於許多加盟總部已進入國際化的連鎖組織，在此您可瞭解到總部國外是否有分店。

捌、總部提供的經營輔導

一、總部提供的經營輔導，指的是總部能提供加盟者在營運上的協助或提供輔助事項，總部提供的輔導項目越完善，代表者加盟主越容易成功經營一家店，其中可分為：
 1. 營業前
 2. 開幕時
 3. 開店後

二、一般來說，總部都會提供相關資料，但是其中仍有部份是加盟者所必需注意的。

玖、加盟合約期間

一、合約期間指雙方履行權利義務的期間，一般要注意的有：
 1. 成本回收期間。
 2. 續約的條件：營運發展理想的加盟主，總部絕不會輕易放

棄，而加盟主也同樣不會希望辛苦經營多年的成果因續約時的權利義務變動而產生變數；因此，在您尚未加盟前，先瞭解再次續約的條件以及合約內容是否會有變動、有哪些可能變動的項目等，都是相當必要的。
3. 瞭解合約期間內，可能更新合約內容的條件與時機，以及更新費用。

創業加盟企劃重點

　　很多時候，身為一個社畜，職場上受老闆氣、給客戶虐，加班加到沒日沒夜，甚至也沒了生活重心，想給自己換個跑道尋找一個出頭的機會，卻總是感到茫然。走進加盟展，看得眼花撩亂、聽一堆加盟話術，還不時看到加盟主跟品牌產生糾紛的新聞……真讓人感到洩氣。也有人滿懷理想抱負，徒有滿腦的好點子與認真思索出的商業模式，想揪更多人一起加入合作，透過品牌的延伸應用打團體戰，卻不知該從哪著手規劃連鎖加盟的企劃書。

　　由於我過去曾在連鎖系統服務，後來又陸續協助一些新創公司規劃品牌的連鎖加盟，從中發現一些基礎架構重點的重要性；因此在這彙整分享品牌規劃連鎖加盟時實用的基本架構提供給讀者參考，以重點版「K品牌加盟企劃建議書」為例，提出加盟企劃的入門重點與大家分享，至於涉及版權機密的「品牌介紹」及「獲利模式」部分，則靜待未來有機會再跟大家細說分曉了！

重點版「K品牌加盟企劃建議書」

壹、加盟創業的市場認知基本概念

一、目前創業市場的趨勢分析：

根據1111創業加盟網針對40歲以下求職者調查發現，有高達7成6受訪者有意或已經創業，其中包括61.46%的受訪者有興趣但沒行動、7.01%籌備中、4.46%已經創業，以及3.18%的人曾經創業；相對的，亦有2成4的受訪者坦言，對於創業敬謝不敏。

有意創業者的動機，不外乎是「自我實現／圓夢」、「增加收入」、「創業內容是個人興趣」、「兼顧家庭」及「工時彈性」、「不想看老闆／主管臉色」。

在創業品項方面，仍以「特色小吃」（32.67%）最受創業者青睞，其次依序為「冰品飲料」（20.63%）、「餐廳美食」（19.80%）、「早午餐」（17.82%）及「個性化商品」（14.85%）等。平均創業者準備63.35萬元的創業資金。

主要的資金來源管道以個人積蓄（78.22%）為主，其次則是政府青創貸款（27.72%）及親友出資（24.75%）。

而預計創業的技能源自於工作累積／職場經驗（63.37%）居多，依序才是自行發想（42.57%）、親友／家族技術（21.78%）、打工經驗（18.81%）及加盟總部（17.82%）。

二、連鎖加盟業種趨勢分析

台灣餐飲業的年度營業額在112（2023）年突破了兆元的門檻，來到了歷史的1兆279億元。

台綜院預估113（2024）年實質民間消費成長力道恢復，成長率預估值為3.18%。

《2018台灣連鎖店年鑑》於2018年1至3月間，調查2017年連鎖品牌發展狀況，以不含餐車攤販型品牌，擁有3家店以上之連鎖品牌為對象進行調查。

年鑑調查結果顯示，台灣地區連鎖總部數量有2,781家，總店數為104,959店，比起前一年總部數增加1.5%，總店數成長率為2.5%。

在各業種中，一般零售業的新增品牌家數最多，而連鎖餐飲業的總店數成長最多；不過，整體而言，連鎖總部規模有M型化趨勢。近年來中小型連鎖企業總店數呈現縮小現象，然而大型連鎖品牌則在評估商圈之後多仍持續展店，期望藉此提高市占率。

由於2017年「一例一休」政策正式實施，開店門檻低的小型中式速食店（如便當、小吃）或咖啡店、手搖杯飲料店等在經營上備受考驗，加上餐飲新品牌不斷出現，造成市場品牌輪動快速，淘汰率提高。

在生活服務產業中，受到少子化影響，補習教育產業各總部旗下的家數規模也在逐漸縮減。

三、加盟事業體系容易失敗的主要原因

1. 缺乏持續、優質的商品與服務
2. 缺乏核心的品牌管理團隊
3. 缺乏完善的區督導輔導制度
4. 加盟總部缺乏短中長期的經營策略
5. 加盟者本身的創業觀念不正確

四、選擇加盟主的主要考慮因素

1. 品牌競爭力強度
2. 加盟金多寡
3. 總部的經營能力
4. 健全管理機制
5. 資源與人力投入
6. 經營輔導與教育訓練之內容

   例如：
   ・加盟店長職務培訓課程項目
   ・企業經營理念與願景
   ・企業 CIS 識別體系
   ・總部人事管理規章
   ・加盟連鎖經營策略規劃與定位
   ・加盟店之經營與投資報酬分析
   ・開店前的評估分析與籌備
   ・促販推廣活動策劃與執行
   ・加盟合約條款及管理事項

- 開店創業人格特質分析
- 競爭對手分析
- 領導統馭與員工激勵
- 人際衝突與溝通
- 門市人員的出勤管理與績效考核
- 產品製作／服務流程的知識與技能
- 店內食品安全衛生與環境管理
- 店內收銀／現金管理
- 原物料採購標準與驗收
- 食品衛生安全常識
- 物流配送與管理
- 客戶關係維護／滿意度調查
- 產品異常／服務疏失的處置與回饋

貳、K品牌介紹與分析（略）

- K品牌（股）簡介
- K品牌的願景與經營理念
- 現階段加盟市場分析
- K品牌短中期經營策略分析
- 年度經營目標

參、加盟 K 品牌的價值與獲利模式（略）

- 加盟 K 品牌投資報酬分析
- 加盟總部提供的資源
- 加盟 K 品牌的作業流程
- 加盟總部的管理模式

3.4

產業
再造

持續轉型的必要性

連鎖品牌只要能安然度過創業初始的篳路藍縷，創業者的收入報酬及未來發展，相較於加入其他連鎖加盟品牌的業者而言，較不容易受限。

一個有機會成功發展的連鎖加盟品牌，除了前面兩個重點的評估與建置外，打造連鎖品牌的經營特色使消費者能明確區別，也極為重要。由此才能進而創造出新的消費需求，提升連鎖品牌的經營能力，擴大競爭優勢。從服務品質、商品特色、節慶與促銷等各方面著手，誘發消費者潛在的需求並給予滿足。

至於包含了像是物料供應，總部負責訂貨、採購，再統一分配到各分店的標準化流程，品牌識別系統的一致性標準化運用規範，甚至是將連鎖店的作業流程製作成簡明扼要的操作手冊，簡化服務人員不必要的工作內容，進而強化服務品質與顧客溝通的工作落實等，透過品牌完整的規畫協助，都有機會更使整個連鎖體系在面對危機時找到新的契機。

新型態的商業模式也開始在許多連鎖品牌中醞釀發酵，甚至有些已開始實際提供服務。在疫情影響之下，不論是直營或加盟的連鎖品牌企業，都承受了比以往更為劇烈的營運壓力。

缺乏周全溝通策略的企業，在面對許多難以預測、突如其來的危機之下，壓力更大。面對這場影響全球的疫情，眾多連鎖品牌的國際佈局必須重新調整，相關政策的變遷更讓不少品牌必須思考做出抉擇，如何才能在這樣的局勢中掌握品牌擴張的機會，而不因特定議題使自己陷入僵局之中。

品牌翻轉再升級

　　過去，有不少連鎖品牌的發展，在連鎖總部的專業知識及功能不足，尚未能掌握獲利能力及風險控管的情況下，就建立了連鎖加盟體系。也因此，不少品牌面臨環境出現變化時，缺乏適當的應變能力。有些品牌則是未能通盤思考品牌定位，因而找不到與消費者良好的溝通方式，只能被迫以促銷優惠來因應消費者需求。

　　疫情之後，有更多品牌更加著眼於台灣本土市場的消費深耕，同時期望能走進國際市場，因此認真地檢視連鎖品牌的商品及服務；在市場的競爭之下，也使得連鎖加盟總部必須更努力提升自我，尤其在組織結構上也必須適度調整，才能為品牌的成長帶來更全面的助益。

　　就算是產業相同，連鎖品牌之間的核心能力差異非常大。例如同樣是提供茶飲的品牌，可能在成本控管、包裝設計及店面陳設上都有極大差異。

　　分眾影響造成了本土與國際品牌的不同，本土連鎖品牌仍需在設計以及服務上積極提升，使年輕消費者願意花更高的代價購買；尤其是服務流程與長期的產品開發能力更是重要。

　　尤其像是中高價位的餐飲集團、重視品味的特色網紅餐廳，以及持續成長中的咖啡連鎖品牌，都將面臨核心能力再提升的需求。當消費者願意付出更高的費用來購買產品服務時，將更加期待能得到物超所值且持續推陳出新的服務。

　　這時，連鎖加盟品牌的體質是否穩健與加盟主是否持續成長，足以適應時代的變化和競爭者的挑戰，更是品牌能否在市場上屹立不搖的關鍵。

數位再造創高峰

因為大環境的不確定性，連鎖總部在預算的規劃上也更為謹慎，但在品牌形象的建立上，相較於傳統行銷方式，也願意新媒體的應用上投入更多的行銷資源，甚至在品牌的自媒體經營上更為積極。多數品牌在資源有限的情況下，更依賴外部行銷系統，像是外賣平台、定位系統。而品牌經營的自媒體則是更著重於個性化的表現，甚至不再追求大量曝光，而是重視精準溝通。

包含像是品牌的官方網站、FB 粉絲專頁、LINE 官方帳號、YouTube，甚至是自建 APP，都必須有策略地整合並與目標消費者溝通。從虛擬延伸到實體的則是各店的在地化經營，運用外送服務平台以及顧客關係管理，針對品牌所在地的消費者分析數據偏好，提供像是熟客推薦等更在地化連結顧客的服務。

疫後時代雖然市場依然動盪，因為外在環境的不穩定及疫情所產生的影響仍使企業經營十分艱苦，但懂得把握機會與趨勢的連鎖品牌，還是有機會逆勢成長。

品牌必須掌握新媒體的應用及在地化商機，只要能讓消費者看見，就有被肯定的機會；再運用自媒體強化品牌的數位形象延伸，讓既有消費者及社群上的使用者，對品牌產生更多興趣，清楚傳達品牌特色與對消費者的意義，就有機會使目標消費者願意以實際行動支持。

「在指望中要喜樂，在患難中要忍耐，禱告要恆切。（羅馬書第 12 章 12 節）」相信不論是連鎖品牌的經營者、加盟主以及從業同仁們，只要對品牌的前景抱持著盼望，且經營者積極帶領品牌持續成長，品牌的未來就能擁有一番新氣象。

04
關係行銷

透過更多元的銷售模式,讓企業可以更容易接觸到購買的消費者,同時經由會員關係的經營,維繫品牌與消費者之間的羈絆。

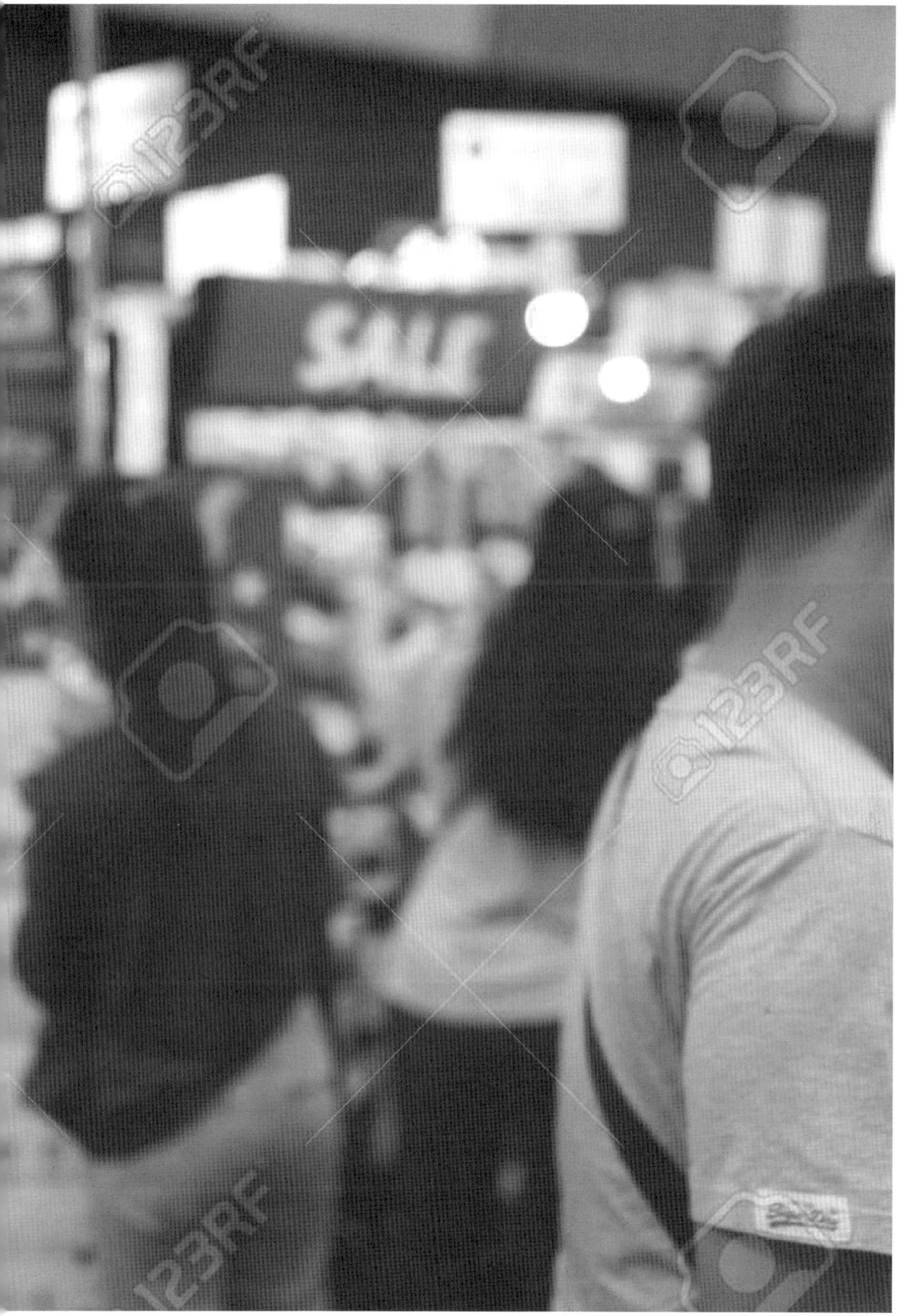

4.1

代言人

代言人的價值與應用

對於許多品牌來說，想快速提升品牌知名度，或促成新目標消費者購買，運用名人作為品牌的代言人，已成為一種被廣泛熟悉的行銷方式。

而品牌代言人之所以有效，主要還是因為透過名人光環使眾人有機會將目光一定程度的轉化到品牌身上。常見的知名代言人包含了演員、歌手、運動員、專家學者、醫生護士、政治人物，近年也隨著時代變遷加入了像是網紅等不同面貌的知名人士。

像是精品行李箱品牌 RIMOWA 網羅法國足球員基利安姆巴佩、BLACKPINK 主唱 Rosé 以及英國賽車手路易斯漢米爾頓，擔任品牌全球代言人，2024 年則邀請周杰倫加入，是品牌有史以來首位華人擔任其全球品牌代言人，組成最強的品牌代言人陣容。品牌官宣表示：「周杰倫擁有音樂人、導演及演員等多重身份，生動體現了 RIMOWA 的匠心與創新精神。在演藝工作不斷探索和開創的過程中，他所秉持的價值觀也反映了 RIMOWA 不斷突破界限和定義新標準的承諾。周杰倫將激勵全球各地的旅行者開啟一場改變之旅。」

根據行政院公平交易委員的解釋，薦證廣告又有稱為名人代言廣告、推薦廣告或證言廣告等，名稱不一而足。為突顯代言人之形象、專業或經驗，使其與廣告商品或服務作連結，或使其以消費代言之方式增強廣告之說服力，俾有效取信消費者。由此可見廣告薦證者即為：「指廣告主以外，於薦證廣告中反映其對商品或服務之意見、信賴、發現或親身體驗結果之人或機構，其可為知名公眾人物、專業人士、機構及一般消費者。」

合適的代言人可以增進消費者對品牌的正面觀感，像是服飾類的產品經由代言人的穿搭，讓消費者感覺品牌更具時尚感；或是產品的使用也能為自己提升個人魅力。

　　例如珠寶及奢侈品 Tiffany & Co 邀請年輕的知名人士擔任品牌代言人，包含演員安雅泰勒喬伊（Anya Taylor-Joy）、滑雪冠軍谷愛凌（Eileen Gu）、當紅演員珍娜奧特嘉（Jenna Ortega），以及 Brittany Xavier 與 Chriselle Lim 等知名 KOL，海莉畢柏（Hailey Bieber）更是 Tiffany & Co 2022 年耶誕企劃的代言人。

　　另外 Chanel 推出「Coco Crush」將包袋上標誌性的菱格紋，呈現在精細平滑的 18K 黃金、白金表面上，以極簡的風格打破性別的限制，加上可疊戴混搭的特性，成功滿足了年輕消費者的需求。這時在品牌大使的選擇上便相中了 BLACKPINK 的成員 Jennie，目的就在吸引這群年輕的多金族群，不但有機會增加年輕消費者對品牌的認同，也能使原有支持者認同新代言人足具國際時尚感，願意繼續支持品牌輕化的決定，使既有客層不流失。

　　願意選擇有名人代言品牌的這群消費者，需要透過認同的名人來替品牌說話背書，但重點是當名人推薦消費者購買之後，是否還能持續繼續購買支持該品牌，才算達到品牌代言自主連結的效應。

　　就像寵物食品選擇獸醫師擔任品牌代言人，消費者初期可能由於對寵物營養資訊的理解不足，基於認同獸醫師的專業與個人魅力，而購買產品；然而之後因寵物實際使用產品後肯定產品效益，後續即便品牌沒有再沿用原來的醫師代言，消費者還是會願意續購買支持。

不同目的的代言人考量

　　以餐飲食品業來說，會運用品牌代言人的情況，常發生在像是新開幕時邀請的「一日店長」，或是推出產品新口味時與名人聯名合作，甚至當名人也有自有品牌時，也可能擔任合作案的品牌代言人。另外像是夏季飲料業者常找歌手擔任廣告歌曲的主唱，希望提升品牌的年輕感，或邀請名人形象代言拍攝品牌形象影片，藉由名人的自有流量帶動觀看影片的人數與流量，同時提升品牌的正面印象。

　　例如台灣啤酒隨著時代的演進，陸續找過伍佰、張惠妹、張震嶽、蔡依林及美秀集團代言，黑松沙士則是從張雨生、告五人到茄子蛋，都看中了代言人的知名度和演藝能力。其目的一來藉由音樂人的聲量來維持品牌高度，再者還能經由品牌歌曲與代言人的結合，為品牌達成年輕化的目的。ONE BOY 衝鋒衣代言人包括「羽球天后」戴資穎、田馥甄、郭雪芙、朴敏英等，也曾冠名《天之驕女》、《炮仔聲》、《嘻哈大時代》等節目戲劇，在廣告時段播放代言廣告，創造更大的綜效。

　　意見領袖 KOL 透過個人魅力、特定領域的專業知識墊高自己的定位，進而來影響他人的購買決策與想法，也因此，基於特定群體消費者對意見領袖產生的認同感，成為品牌選擇代言人的考量原因。意見領袖作為品牌代言人時，用自身的專業背景來替品牌「讚聲」是最主要合作的方式，例如醫生或營養師為保健品代言，以自身專業領域的知識來說服消費者品牌值得購買的原因，或是動漫資深收藏家為玩具品牌代言，吸引其他消費者認同商品是值得入手收藏的品牌。

品牌代言人：
- 企業創辦人及高階經理人
- 專家學者
- 知名演藝人員
- 網路社群紅人
- 特定領域的傑出者
- 指標性消費者
- 虛擬人物

　　有的品牌則是運用意見領袖的人格特質與社會地位來引起消費者關注，例如 Uber Eats 找來金鐘新聞主播沈春華及國際球星林書豪合體擔任品牌代言人，在廣告影片中沈春華重返主播台，點了最想要的「頭條」，林書豪則點了期許球技精進的「教頭」，超乎現實的願望結果都變成惡夢一場，藉由新鮮話題帶出服務中「點得到／點不到」的對比特色。

　　例如台泥企業團透過 AI 生成，2024 年首度運用 ChatGPT 及 Midjourney 兩套 AI 生成器，套入各事業體所需具備人格特質、職能及工作場域特色等參數 (prompt)，產出了六位不同職缺的 AI 虛擬代言人，與數位環境下長大的 Z 世代求職者對話，彰顯台泥緊密掌握 AI 等趨勢帶來的機會與挑戰。另外零食大廠湖池屋（KOIKE-YA）為紀念「Strong」系列洋芋片新口味上市，邀請 VTuber 女

子團體hololive所屬兔田佩克拉與千萬訂閱YouTuber「HIKAKIN」擔任代言人。

因此我大致將品牌代言人分為七大類，包含：企業創辦人及高階經理人、專家學者、知名演藝人員、網路社群紅人、特定領域的傑出者、指標性消費者及虛擬人物。而其中近年來最常見的，像是有獲獎的運動員、擁有龐大粉絲的偶像明星，以及自帶一定流量的網紅。

是加分還是風險

但近期因為不少爭議事件，也導致了一些代言人「人設翻車」，甚至因為個人形象崩塌，而連帶影響到品牌本身的形象。尤其像是本來擁有高度正面形象、有龐大數量粉絲支持的代言人，正是品牌當初相中代言的原因之一，若代言人能持續發揮效果，自然是一筆值得的投資，但若是代言人意外爆發醜聞或負面事件，即便要與品牌切割，也必須小心謹慎。

畢竟當品牌需要名人光環加持導入新客源時，代言人仍有一定成效，也因為品牌代言人是自帶名氣與流量才被相中，品牌是否針對選擇的代言人做足功課調查就成了一個難題，畢竟這些名人都有一定的身分地位，除非是持續發生負面事件，不然品牌儘管事前功課做得再足，仍無法確保代言人都能維持均以正面消息曝光。

更重要的是，當品牌代言人發生形象問題時，所產生的「月暈效應」更是品牌的難題。因為當我們用以偏概全的角度來看代言人與品牌的關係時，儘管代言人原本給消費者值得信任、魅力吸引的專業印象，一旦出事品牌立即快速切割時，也代表原本品牌代言人

的加持光環會瞬間消失。就曾有代言人因廣告中的表演形式受到質疑，品牌將廣告立即下架後，反而導致代言支持者的反彈，大量留言湧入社群媒體，最後品牌公關只能出面道歉，卻招致代言人粉絲及輿論批評，認為品牌更應該保護代言人。

又或者是有人爆料品牌代言人有不當言行，品牌未即時做出回應與之切割，當事後證明代言人確實有問題，但品牌的名聲與形象也已隨著一落千丈。不過即使近年來代言人翻車的事故頻傳，品牌就算切割及澄清，又或是沒選對合適的代言人，反影響品牌原有形象，但還是有不少品牌仍然會選擇名人代言的方式作為行銷溝通策略。

進一步分析如何避免品牌代言出問題，我認為未來必須掌握三個關鍵：

一、善盡代言人的背景查核，尤其是針對可能的爭議事件或過往的傳聞確認。

二、明定代言人若發生負面事件時的處理流程，以及相關的法律與賠償責任。

三、檢視合作過程中的議題發展，降低可能意外發生的事件及即時因應措施。

品牌寧可更謹慎地去挑選代言對象，而不是只看到代言人光鮮亮麗的一面，卻忽略了風險及危機的管理。或許品牌來在選擇的代言人的時，可以進行更多背景調查及相關合約規範，尤其是一旦在代言人身上發生特定議題問題時，品牌也才好更妥善的來處理因應。

名人代言的風險與挑戰

之前某建案所引發的工安事件,可說是近年來相當嚴重案例,以往不少人在好不容易存了大半生的積蓄,終於決定成為「有殼蝸牛」時,除了居住城市、生活商圈以及區域房價外,也會關注建商的品牌聲譽及相應的行銷手法。幾年前我適巧輔導了家具及鋼鐵營建產業,也分析過近年來建商與建案的行銷方式,以下整理出最常見的三種:名人代言、網紅預購、短影音開箱。

房地產銷售過程中,從建商轉移房地產至購屋者所經歷的過程中,包含了建造滿足消費者需求、專業規劃設計與施工的建案產品並塑造值得信賴的建商品牌形象,透過廣告宣傳、代銷公司地推、數位行銷的空戰,最後加入議題包裝與消費者服務等承諾,運用整合行銷傳播的方式,達到消費者的信任與建立購買機會。

過去國內的建商並非不關注品牌形象的長期建立,但是在投入行銷成本前,仍應注重的環保議題、社會責任與公司治理(ESG),才能使消費者真正認同獲得信任基礎。然而近幾年來,房地產市場交易熱絡,更短線的行銷溝通引發話題,反而更容易帶來投資報酬,所以某某名人買了哪家建商的房子,哪個網紅預購了哪個建案,也就成了一種吸引消費者目光的行銷方式。

事實上,我認為從正面的角度看待建商的建案行銷方式,不盡然都有問題,但關鍵在於,一般想購屋的消費者,受到了名人、網紅這些行銷手法的影響,但對於所推薦的建商品牌認知有限,甚至名人可能額外還有購屋優惠或收費代言等,這些資訊的不對等可能影響了消費者的認知,進而使判斷失準。

短影音開箱同樣是常見的行銷手法,但是不同於美食餐廳或是

公仔玩具，即便建案本身看起來質感不錯，裝潢家具也都有一定水平，但消費者卻可能因此忽略背後的建商是否值得信任，更甚者是否還有其他的問題與風險容易被模糊焦點。雖然消費者不太可能光靠短影音就決定是否買房，但搭配名人推薦、網紅預購等話題，確實有機會大大提升消費者的好感度，進而更容易成交。

對於多數人來說，一生可能就只買這麼一次房子，因此對相關資訊也更為重視。作為擁有溝通能力的名人、網紅，決定為品牌背書時更得謹慎，萬一所推薦的商品出問題時，自己也很難置身事外。同樣地，就算只是負責開箱拍攝短影音的行銷者也必須思考，如何避免發生消費者因信任自己而買到有問題的爭議產品，又該如何篩選客戶才能避免信任自己的朋友受害。

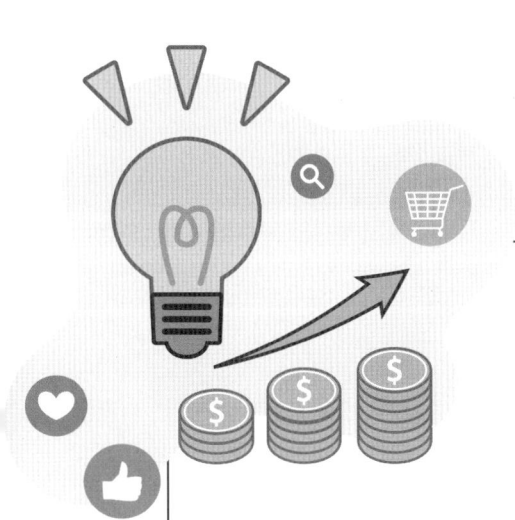

4.2

人員
銷售

技巧拉近親切感

　　每年都有幾個時節，是農產品盛產的季節，也是加工農產品推廣的好時機，就像立冬時的麻油雞、薑母鴨及羊肉爐熱銷，能同時帶動肉品市場的買氣，到了天氣更冷時，消費者在家開爐聚餐吃鍋的時機，也正是許多葉菜類銷售的機會。甚至有些人會在耶誕節想買一些禮物送給好友，儘管以往挑選的都是餅乾糖果這類禮品，但其實像農會也有很多農產加工品禮盒，像是果乾、肉乾，甚至是餅乾等，其實也都有機會搶搭上這一波銷售商機。

　　人員銷售是傳統行銷最常使用的方式，受過完整教育訓練的銷售人員，能夠在推廣產品的同時，為消費者與品牌之間的溝通達到正面效益，並維繫長期的顧客關係。根據 2024 年「全國消費者保險購買行為大調查」，高達 7 成 5 民眾傾向透過業務員投保，僅 2 成 5 民眾表示「沒有業務員也可以」。可見消費者對保險業務員的信任和依賴程度。

　　人員銷售模式是依據「人際關係」的建立所產生的銷售行為，因此傾聽消費者心聲、評估需求，是十分重要的環節。而農產品的銷售對象，包含了一般消費者及 B2B 的採購人員，介紹商品的方式與流程也有所不同，結合組織與企業的資源為顧客解決問題，也能提高人員成功銷售的機會。

解決問題創造交易機會

　　銷售人員面對消費者時，必須主動了解消費者的問題與需求，規劃提供合適的商品服務，以符合不同消費者的需求。針對企業的

採購需求,銷售人員必須擁有企業組織通路的協助支持,才能有效達成銷售任務。同時,也因為越來越多的企業重視社會責任,因而更有意願採購像是小農有機農產品,或市農會推出的精緻禮盒。

很多時候當銷售人員向消費者介紹產品時,消費者第一時間的反應是婉拒,但若消費者願意停下腳步、多聽一點,這時農產品銷售人員更應該把握機會,一來了解消費者的其他需求,同時當下只需針對消費者的疑問加以補強就足夠了。也因為農產品的屬性差異很大,像是消費者不知食材該怎麼料理,或是自己與家人以往不太能接受這項食材,這些都不是真正的拒絕,有時客戶反而更像在尋求答案。

銷售的心理戰術

事實上,有些銷售人員的面試標準不低,像是擔任精品或珠寶櫃位品牌銷售人員,口條要清晰,外型也要清新順眼,更要有親和力,氣質與穿著打扮也要符合品牌形象。有些品牌甚至要求銷售人員至少要一定經歷與學歷,可以用中英文流利對話,更重要的是能察言觀色,洞察消費者的內心想法與潛在需求。

心理戰術是農產品銷售人員應善加利用的一種利器,讚美消費者很有「生活風格」,或肯定其購買的內容獨具品味,都能讓銷售的成功機率提高。找出消費者講究的部分並給予讚美,就好比消費者在挑選台灣地酒時,讓消費者有種「您真內行」的備受肯定。別讓銷售關係處於「被動」狀態,因為有些場域的消費者即便外在看似冷漠,但其實多半期望能獲得認同。

為消費者找一個購買的理由,雖然是相同的東西,但只要稍加

用心介紹，或是改變銷售時的話術，就更有機會能打動消費者，當消費者心中也正期待著農產品銷售人員展現出「關鍵的臨門一腳」，產生足以打動消費者產生購買衝動的動力，我們更該使出渾身解數，真誠的提出對消費者更好的建議。

激發消費者的購買慾望

在激發消費者購買欲望的行動中，為了讓消費者心動，並增進彼此之間的親近感，可以在介紹農產品時多帶入一些生活話題，像是詢問消費者平常家人都喜歡吃什麼菜，用什麼方式料理，或是餐後是否有吃水果的習慣。即使消費者的答案與銷售人員的預期不同，也別否定消費者所說的話，例如：「我家人只喜歡吃烤肉」，或是「我討厭吃酸的水果」。

在銷售農產品的時候，產品的體驗相當重要，《節慶行銷力：最具未來性的品牌營收加值策略》一書中指出，透過銷售人員的「現場表演」和消費者的「產品體驗」，便能拉近品牌與消費者的距離。尤其是透過現場的烹調過程，讓消費者認為「我也做得到」，就更容易產生購買的動力。例如現場銷售示範時介紹台灣本土的咖啡豆，不但可以沖泡給消費者品嘗，還能讓消費者自己動手手沖，更有帶入親身體驗的親切感。

讓消費者感到暖心

在銷售的過程中，沒有消費者喜歡自己所說的話被對方否定，惱羞成怒的主因常常就是因為面子掛不住；同時，很多情況下消費

者所說出的回答並不是他真正的想法，反而是隱藏在背後的念頭才是真正的解答。這時，只要同理消費者，理解他的善意，透過補充說明延伸其思維，使消費者的發言轉向正面，像是：「我的家人也很喜歡吃烤肉，但是吃完常常脹氣，可以再吃點○○水果助消化，腸胃就會比較舒服」，或者：「是啊！酸的水果確實不容易入口，不過我這個○○水果的品種不太一樣，沒這麼酸，你可以試吃看看」。

　　交易完成後或許消費者嘴上還是會說：「哎喲！還是應該買大一點的梨才對。」「好像另一塊里肌肉顏色比較漂亮。」「好討厭喔！這個品牌的茶葉不就跟○○的口味一樣嗎？」但這些話不過是消費者在付費後不想讓自己在銷售人員面前顯現出太過滿足的樣子，免得像被人掐住了弱點，但其實對已經買到手的東西，通常並不真感到後悔。這時，銷售人員適度給予消費者肯定與支持，同時感謝消費者購買，並留下回購時的聯絡方式，都有助於未來持續與消費者達成銷售的機會。

4.3

團購模式

團購的發展原因

　　在疫情期間，實體銷售受到影響，許多的電商因而受惠，由於消費者的購買行為改變，也使得電商的業績帶來顯著的提升，而在線下由於品牌希望更有效率的快速提升銷售業績，因此團購就成了更有效益的銷售模式之一。團購依賴大數據掌握消費者的習慣與偏好，不論是社群媒體上的熱銷品及小廢物、外國知名品牌的限定販售產品、超商超市的獨家引進及代理商品，只要是有機會成為爆款的商品，甚至票券，都能帶來不錯的銷售表現。

　　團購的特色在於——需要在指定的時間區段參與團購方案才能購買，並且需有足夠數量的消費者參與，才能達成廠商所設定的優惠條件——我將其界定為條件是「限時限地」式的促銷方式。市面上加入團購大戰的各式品牌包含了電商、傳直銷系統、品牌直營及社群團購主自營等，團購時通常還會結合會員機制同時操作，如此不但能確保購買者的身分及數量，也便於未來進行「再行銷」的方案推廣。

　　對於像是農產品的銷售，團購的作用一方面以銷售數量確保農民的作物具備基礎市場，同時像是團購型電商及便利商店等社區型態的團購門市通路，也能更妥善的促成反向推動產業升級，讓有理想的業者為了維持長期經營，而能自主提升作物生產養殖品質。甚至像是加工的果乾、釀製的醋飲與地酒，以及可以保存的肉乾等，都能因為團購的支持而有銷售的機會，並藉此持續提升經營行銷的品牌力。

團購的商業模式

　　團購之所以會有商機，就是利用團體合作的方式，使廠商確保一定的銷售量，消費者也能獲得更優惠的購買價格，甚至購入一些不容易買到的福利品。團購的主要模式就是由賣家提供某項產品，限定消費者必須在時限內達成集體開團的採購量，才能共同獲得優惠折扣；這時由於企業並不一定能確切掌握消費者需求，得由消費者集合購買力方能達標，因此就衍生出了以下三種團購模式。

　　「企業自開團」的型態，原則上屬於企業已經由大數據一定程度掌握了消費者喜好，並且在不衝擊原有經銷通路的狀況下，讓消費者主動上門團購。像是不少的食品業者，會以團購的形式銷售生鮮水產、冷凍料理包或是真空包雞胸肉等，以量大快速的方式將產品推銷給消費者。

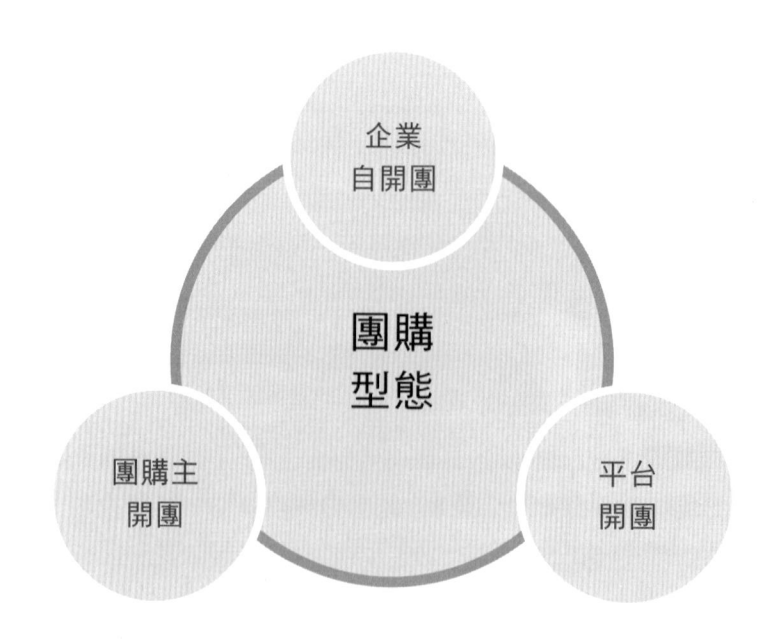

創新好商機 04

像是波蜜藉由 AI 科技的整合，運用「波蜜 AI 智能平台」，使用 LINE 社群平台作為開發利基，並同時整合企業之行銷業務開發、雲端 ERP、通路轉型、客戶關係服務系統、搭配旗下之格菱物流配送管理……等供應鏈，為企業與團購主搭起橋樑。因應團購需求提供商品多元化服務，包含瀏覽商品更方便、服務即時性、AI 會員四大保證及嚴選產品等，嚴選開發符合團購市場需求的商品，提供給團購主更多元的選擇，並納入各縣市之特色農漁業商品，為在地化產品擴及銷售管道，目前已有超過 20 個品牌的合作品牌。

「平台開團」則是由特定平台作為中介者，像是 ihergo 愛合購、486 團購網、17Life 等，平台一方面協助企業選品上架，另一方面則讓消費者在平台進行採購，當達成預設的團購條件時就算是成功，同時對消費者及企業都較有保障。

對於團購平台來說，雖然跟知名品牌合作有穩定的商品獲利，但是畢竟專屬性不夠高，因此平台也會透過代工廠開發專屬的自有品牌商品，並憑藉自身擁有的龐大消費者資料分析，更能精準掌握購買者感興趣的商品服務。不過，畢竟平台仍須具備一些一般大眾的知名商品，因此也會與品牌商合作開發「特供」的團購品，如此也能因應自身忠誠消費者的需求，同時帶來團購平台與品牌商的雙贏。

團購主的個人魅力

而近年來常見的則是「團購主開團」，由團購主扮演平台的角色，但規模小很多，而且開團速度更快、條件更簡單。團購主通常有自己的社群粉絲及穩定的購買者，透過團主能更精準的選品銷

售,並提供給消費者更加優惠的條件。想用優惠的批發價買到產品的消費者,需要透過團購主居中揪團。團購主的身分包括了熱心的家庭主婦,也有自帶光環的名人團購主,甚至還有透過企業福委的方式來進行團購。

像是藝人柯以柔經營團購事業,以新手媽媽的身分,選品也結合自己的生活,包括母嬰用品、居家收納等等,賺進龐大的銷售成績,也進軍線上課程,傳授「團購帶貨」的秘訣。藝人莎莎(鍾欣愉)也轉換跑道開啟團購事業,2024年一月收入就高達75萬元。

團購的利潤率可能比傳統生鮮電商更高,由於商品是集中配送至團長所在地,物流成本低於送貨上門,團長為了擴大規模,須持續提供優惠鼓勵新客戶加入,至於熟客僅需維持常態優惠即可,如此一來,透過長期經營,對於供應商和團長都能持續獲利。由於團長掌握了末端消費者與跟他們接觸的機會,因此更有條件與供應商談判,在消費者認同團長服務的同時,也產生交叉銷售的契機,消費者的購物頻率也能隨著優惠的產品內容而持續提升。

新團購模式的興起

國內的網路團購,最初有人在拍賣網站、BBS 站等平臺上嘗試,後來出現了許多以團購為主要經營型態的平臺,像是 2007 年的 ihergo 愛合購、2009 年的 17Life、2010 年成立的 GOMAJI 夠麻吉,以及後來退出台灣市場的美國品牌 GROUPON 酷朋。在社群軟體崛起後,Facebook、IG 也出現了不少具備帶貨能力的團購主,以社團或粉專的方式來進行揪團。

而疫情期間新興崛起的團購通路,則是大眾熟悉的便利商店。

像是全家及 7-ELEVEN 都透過店長投入團購市場，定期推銷主題性的品項，運用 LINE 群組的溝通方式來進行會員銷售，深入便利商店的臨近社區來調整團購的品項，針對進口食品及飲品、限量優惠商品進行促銷，不但提高單店的營業額，也能更精準的針對社區需求選品，降低店內庫存。這樣的團購方式更是回歸到商圈經營與熟客專屬優惠上，也提升了單店的消費者黏著度。

Facebook 的社團平台使團購的訊息更快速擴散，通常團購主也就是管理員或指定委託的版主，負責公布團購商品與相關購買訊息，透過 Facebook 社群也能更快完成下單及後續付費等售後服務。對於消費者來說，有時加入團購社團就是為了買東西，目的可說是相當明確，不過目前類似的社團的數量也越來越多，因此產生更多的競爭與比價空間。所幸，只要團購產品本身具有獨特性，價格的折扣優惠具有競爭力，消費者的黏著度還是能夠維持。

從眾行為的影響

從眾行為是團購發展蓬勃的原因之一，當我們看到那些社群上大家熱門討論的產品時，總會產生自己也想擁有的心態，不論是那些只有外國才買的到，還是價格昂貴令人羨慕的商品，都會期待有人能夠以漂亮的價格販售，將之入手。在商品在台沒有正規代理商或希望買到優惠價格時，團購的交易型態正有機會能滿足消費者的期望。

當我們在辦公室、學校等同儕團體中，得知有最近很夯的海鮮在開團優惠，或可愛的日本限定安妮亞公仔團購時，很可能會跟隨大家的腳步支持購買。雖然事後常常會懷疑自己買這個要幹嘛，但

從眾行為仍影響了不少人，為了維持群體的互動性，在負擔得起的情況下，常跟著大家＋1一起支持。

　　另一方面，同事、同學、親朋好友，除了會一起購買的產品，還會團購票券，親友也是因為認為我們會感興趣，所以推薦，團購後也可以一起分享使用；像是大家團購 buffet 吃到飽的餐券共同聚餐，以及團購買了鋼彈模型後一起組合當作消遣……從眾行為確實是影響不少人團購的原因。甚至有些公司會指派福利立委協助與企業接洽開團，並扮演團購主的角色。從餐飲業的角度，透過與企業福委合作團購，能一次銷售更多的餐券，達到公司既服務了員工，員工也享受到優惠，能一起使用的共好目的。

　　開發更多品項讓消費者選擇，一直團購主的重要使命，對於喜歡團購的消費者來說，有些商品買過就會持續回購，但也會期待能不時看到一些獨特商品，或過去不常加入團購通路的品牌。另外在付款機制及物流上，若是團購平台能更積極地進行會員分層與加值服務，同時在使用介面與資訊上持續提升，也能讓團購主及供應商更便利的使用。

團購模式的未來挑戰

　　不過團購的商業模式，在疫後時代其實面臨了一定的挑戰，消費者倚賴電商的需求又逐漸轉往實體，當市場上小型團購主的數量越來越多時，品牌商就必須思考，自己的品牌價值是否會被團購的優惠價格影響。再者是，大型團購電商平臺如何提升選品及會員價值，來取得供應商的信任；當超商的團購與社區經營能力越來越強時，小型團購主的優勢也就越來越少。畢竟，團購本身的門檻並不

高,良好的選品與會員經營才是勝出的關鍵。

團購對於提供產品及服務的供應端來說,本質上還有「預售」的功能,在開團的過程中一方面可以評估市場的成長空間,二來則是當開團成功後通常需要預付全部或部分款項,這也確保供應端有基礎的營收保障。而這幾年,不少食品業及餐飲住宿業更是運用團購的方式,來確保像是新產品及特定淡季時的營業額,不過也因為產品價格必須有相當優惠才具競爭力,銷售的數量上也必須評估企業能否承擔,才不會無法完成出貨,或是出現超賣,根本沒有足夠的座位及房間能提供服務,產生對品牌的傷害。

願意配合團購的供應商中,有些規模較小或是品質參差不齊的,也常可能造成消費者的負面感受。理想的用戶體驗必須透過商品履約,儘量滿足用戶需求才能達成,即使是價格實惠的限量商品,若產品的質量不佳,好比團購的枕頭睡沒幾次就扁塌、小品牌的電器在使用上與宣傳有落差,或者是收到的真空包料理口味很不到位⋯⋯都會對團購平台和團購主帶來負面影響,甚至導致客群的流失。

許多團購主都是獨立作業,從找貨、訂貨、接單到出貨全是一條龍的服務,各團購主之間的競爭也越來越激烈,商品的更新速度與價格差異,也是團購主談判能力的展現;為了達到團購門檻,也可能得訂定超出末端需求的數量。這時團購主就得負擔庫存風險,團購雖然能夠降低一定程度的庫存成本,但是次日即達的送貨方式對團購主來說,還是必須得投入一定的硬體倉儲成本。還有少數人訂貨後沒有事先匯款的習慣,交易模式為「一手交錢,一手交貨」的現金模式,這時若有客戶跑單,也會造成團購主的壓力。

團購主所扮演的角色至關重要!早期的團購主本身多半是消費

主力,只是集合自己熟識的親朋好友,一起增加購買數量,再向賣方議價,降低彼此的交易成本。之前也曾發生過團購主拿了錢沒辦事,捲款潛逃的社會事件;近年來也有不少團購交易所衍伸的糾紛。因此,慎選平台及團購主不但重要,提供團購產品的供貨品牌也得審慎評估團購對於營運的助益,免得一開團雖然爆單,但最後在超低優惠和龐大的訂單壓力下,雖然獲得了聲量,卻反而賠了夫人又折兵,那可就得不償失了。

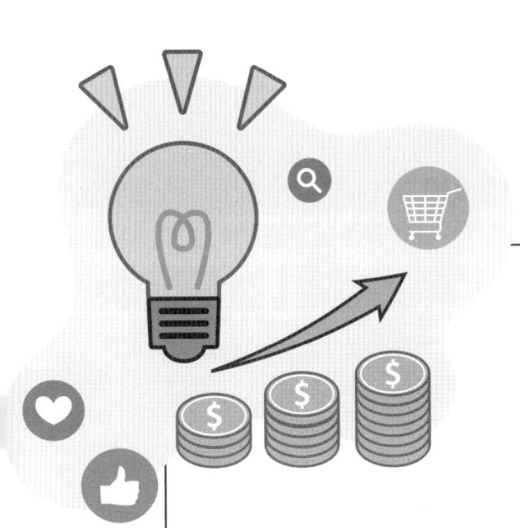

4.4

會員經濟

不同會員的價值

　　建立會員制度，並提供各式不同的會員服務，並透過大數據分析，找出最具有經濟價值的 VIP 會員；其中，會員晉升制度的操作就是掌握會員經濟的關鍵之一。首先，品牌必須簡化會員的加入門檻，使消費者輕鬆的建立自己與品牌初步的第一層關係，讓新會員充分了解自己的權益及專屬優惠。

　　像是銀行會針對高資產淨值的客戶提供銀行財富管理服務，根據金融監督管理委員會「銀行辦理高資產客戶適用之金融商品及服務管理辦法」，第 3 條第一項所稱高資產客戶，係指自然人或法人接受銀行（係指外匯指定銀行及國際金融業務分行）提供個人化或客製化金融商品或服務，同時符合下列條件，以書面向銀行申請為高資產客戶，並且提供可投資資產淨值及保險商品價值達等值新臺幣一億元以上之財力證明；或於該銀行之可投資資產淨值達等值新臺幣三千萬元以上，並提供持有等值新臺幣一億元以上可投資資產淨值及保險商品價值之財力聲明書。

　　再者，經由消費行為及品牌活動的參與，強化企業與會員之間的互動關係，並給予會員升級的具體方案，經由持續獎勵消費的累積方式，讓會員了解升級後的獨特差異；接下來就要看品牌本身的條件與期望，能否讓會員持續願意消費晉級。包含鼓勵會員邀請朋友加入並完成首購，雙方都能獲得優惠獎勵，或是於指定期間持續消費，就能提升會員身分，這些都能使初階會員思考，是否要再多努力一下或分享推薦，以為自己爭取更好的會員福利進階。

　　例如大倉久和大飯店推出「久和 Club」會員制度，下載 app 就能免費加入會員，除了累積消費金額為點數，還可以獨享會員

專屬的各式餐飲折扣，館內用餐最低可享 79 折優惠，中秋月餅禮盒也享有獨家 84 折優惠。新光三越則是將點數作為維繫會員長期價值的行銷媒介，可以橫跨活動檔期，用來增加互動次數、消費頻率、及會員認同感，也能彈性的用於 OMO 零售不同消費場域。

對會員的實質回饋

透過多重方式強化會員的接觸點，不論是線下門市、線上購物平台、APP 以及社群媒體，經由分析消費者的回訪頻次、售後服務與問題諮詢、會員專屬活動和福利，善加利用，累積消費者的黏著度。在消費者的初階分級中，「直接付費」的消費者作為實際支付金錢的人，是品牌營收的主要來源，重要性當然不容質疑；但同樣支撐會員結構的「精神支持」消費者與「使用得利」消費者，卻常常被品牌所忽略，然而其對整體的會員經濟來說，仍有著不可或缺的重要性。

例如萬豪國際集團數年前購併喜達屋酒店集團後，已是全球最大國際連鎖酒店集團，集團旗下有 30 個酒店品牌，逾 8,100 家飯店、「萬豪旅享家」會員更逾 1 億人，目前在台已有 11 個品牌、並在 10 個縣市有 21 個據點。為深耕台灣市場並迎合數位時代旅遊消費者的需求，萬豪啟動忠誠會員「萬豪旅享家」台灣 LINE 官方帳號。透過網路互動加強與台灣消費者的連結，第一階段以分享萬豪國際各酒店資訊，後續將強化會員功能，推出包括訂房在內的數位服務。

以奢侈品產業來說，掏錢購買奢侈品的消費者，有可能是想慰勞自己的小資族，也可能是將產品當作日常使用的企業高階主管，

這時在消費行為中的會員資料上，就會出現這些「直接付費」消費者的會員輪廓。但是，不少奢侈品的價格高昂，也常常會在節慶活動中布置櫥窗及戶外裝置藝術，甚至拍攝感人的浪漫微電影，這時，就很可能吸引到一群喜歡特定奢侈品牌，但因某些原因而一直未曾親自消費的人。

為培養未來的消費者，奢侈品牌會從更廣泛的角度來收集會員，即便這群人目前還沒有足夠的消費能力，但經由關係的建立、持續累積未來消費者對品牌的關注，同時經由品牌的資訊傳播或讓目標消費者參與體驗活動，從內在培養其品牌認同、再從折扣誘因及會員身分差異上，吸引品牌愛好者獲得首次上門的消費機會。

精神型支持會員

而更進一步來說，僅僅只是受到品牌行銷吸引的「精神支持」消費者，當中還有一群人，可能是因品牌精神或特殊文化連結，但礙於現實無法購買，卻仍然熱愛品牌的一群人。就像我身邊有人熱愛哈雷機車，也很中意品牌精神的放蕩不羈及狂野造型，在經濟上完全有能力負擔，卻因為自己平衡感不好而只能放棄。另外也有朋友因職業需求必須穿著端正得體，但卻熱愛 Chrome Hearts 銀飾獨特狂野的造型風格，一直以來始終在理智與情感中拔河，默默將對品牌的熱愛放在心底，而未曾付諸行動購買。

然而這樣「精神支持」的消費者，卻可能是品牌口碑擴散的重要助力，也可能是潛在的「直接付費」消費者，所以從會員關係的建立上，就要想盡辦法與其拉近關係。這也就是為什麼許多精品品牌願意投注資源在社群媒體上，即便只是讓對方加入 LINE 好友或

登錄網路會員，若能在適當時機提供適當的品牌資源與這群消費者互動，就能持續獲得營業額之外的品牌效益。

而「使用得利」消費者更是會員經濟中，相當重要目標。然而，這樣的客群卻不見得是品牌所能夠接觸的到。好比男朋友買了精品包送給愛慕的女生，但品牌卻很難期望女生在收到包包之後，還會主動加入品牌會員分享使用心得；婆婆疼愛媳婦，將以前買的高級品牌項鍊送給她，即便媳婦開心得常常配戴，但除非特殊原因，不然很少會特別到店，甚至加入品牌會員。但這些使用者卻是品牌真正的直接使用者，也同樣有機會轉化為未來的直接購買者，這時的會員關係要如何建立，也成了品牌相當重要的挑戰。

會員機制建立的基礎

企業若能提升消費者忠誠度，除了有機會提升回購，同時也能帶來正面的口碑效應，通常忠誠度高的消費者，願意將自己喜歡的品牌推薦給其他人的機率較高。

良好的會員制度能吸引顧客成為品牌的忠誠消費者，但若是要使消費者維持一定程度的回購率，就必須設計更具吸引力的制度架構，從一次性交易達到的金額，或累積下單金額並達到門檻，針對不同的會員等級給予不同優惠，甚至是舉辦相關維繫品牌連結度的實體活動。

當品牌使用會員等級作為忠誠度方案後，會因為規劃的等級是否具吸引力，以及維繫會員的互動方案，而影響消費者是否願意持續提升會員等級，而原有等級中的福利及消費誘因，則是會員能否保持活絡的關鍵。

品牌也必須評估，類似品牌的會員福利與升等條件，究竟哪個品牌對消費者更有吸引力能獲得持續支持。

　　沒有人不知道建立品牌忠誠度的重要性，但是要建立品牌忠誠度之前得先了解，消費者對品牌為什麼會從認同度強化成忠誠度？當消費者的需求與品牌明確的發展目標吻合，能找到彼此的最大公約數，就能達成雙贏。像是開發更合適現代消費者需求的產品及服務，或是投入行銷溝通資源，同時滿足消費者內在的渴望，最後持續運作的顧客關係管理系統，使品牌與消費者互動能持續循環。透過品牌延伸的效應，轉移現有顧客的消費行為，也是策略的一環。

　　如果今天消費者是受到促銷誘因吸引，而非真正對品牌產生認同而支持，這樣的關係是不容易深化的，就算是知名品牌或老牌企業，當消費者與品牌的關係建立在許多其他的誘因上時，可能這個誘因才是消費者購買的原因。

　　如同一樣是引進中油的油品來做銷售，好市多能夠給消費者的利益，除了直接的折扣優惠外，經由會員身分而延伸享用的保養修護服務、相關產品購買，更是消費者支持的原因，更何況不少會到賣場購物的消費者，本身多半都有開車，對汽車相關服務有所需求，這正是準確的會員經濟延伸。

品牌形象對會員的影響

　　當品牌想與消費者溝通時，常常會在網站的品牌理念、社群中的品牌故事中許下承諾，就像是愛人對另一半所說的諾言；但要實踐對消費者的承諾，企業必須得付出一定的代價。我們可能從不會對一個過去沒什麼服務熱誠的老店有所期待，因為它未曾答應過我

們什麼，但若有一天，新任的經營者向會員宣布：「我是你們在地的好朋友，會以如同家人一般的方式來服務消費者。」結果當消費者上門時，工讀生卻以不耐煩的語氣來應付客人時，消費者對品牌將大失所望，反彈明顯將高過於承諾之前。

事實上，越是忠誠的消費者對額外的服務也越為重視，我們甚至可以說，付費升級是品牌造就會員忠誠的一種作法，使這群消費者享有會員的優越感，才更願意持續回購支持。只有提高會員重複消費的機會，根據會員的特定需求提供服務，才能更精準地企劃行銷活動，滿足消費者個性化的使用與社交需求，並持續進行會員的忠誠度培養，提供更多品牌資源來維繫與意見領袖互動，透過口碑傳播發揮品牌效應。

但也必須要在會員分級之下保持平衡，要是品牌的其他消費者，反而因會員分級而感受到被歧視的負面觀感，那就要小心了！之前也曾有品牌發生原本消費者購物達到一定金額可享特定服務的優惠，但品牌在沒有預告的情況下，推出了二次升級，並將原本不限金額可享有的基本服務給取消，因此引起了消費者的強烈不滿，最終品牌不得不取消新方案……這個案例的問題除了活動規劃不周之外，更大的問題就是使消費者產生了被歧視的感受。

爭取新的顧客為的是讓這些人接觸瞭解品牌，維繫現有消費者並提高所帶來的銷售份額與利潤，必須讓消費者成為品牌的忠誠支持者。擁有忠誠的消費者，甚至獲得具影響力的人士支持，是品牌讓人興奮的重點。消費者衷心喜歡上品牌，才能提升品牌的感性價，有影響力的人喜歡，更能代表品牌的發展達到了一定高度。

業者須根據會員註冊時所提供的基本資料、網站的瀏覽過程、消費成交紀錄，來提升品牌的產品規劃和服務品質，進而分析會員

回購的原因，或停滯回購的可能性，以及不願回購的關鍵因素。這時業者若能提出因應對策，就能掌握穩定客群的收入並降低營運風險。

中油的會員管理挑戰

近年來品牌的轉型和多角化經營，成為許多國營企業及老品牌運營的重點項目，而當中身為關鍵民生需求的台灣中油，在經歷了消費型態及能源運用方式的改變下，中油關鍵通路之一的「加油站」，也勢必得面臨市場的新考驗。過去在很多人的印象中，加油站最重要功能就是加油、洗車，還有上廁所；但其實現在已有越來越多的人，除了加油，也會考慮到加油站買咖啡或購買民生商品。

2020年，立法院預算中心提出的報告指出，中油VIP會員卡、捷利卡、聯名卡的持卡人，使用次數為0者，分別占23.88％、71.37％及58.65％，顯示了中油針對會員的行銷措施有待強化。然而中油的加油站在服務模式、空間規劃及所在位置上，各站都有極大的差異，當中最新的數字顯示，直營加油站有652個、加盟加油站1,265個，可見在思考會員經濟和多角化經營的情況下，如何讓服務品質有一致性的提升，是相當重要的關鍵。

對我來說，因為曾經幫中油的同仁上過課，因此對品牌的好感度自然較高，有時臨時需要購買咖啡時，到台灣中油的Cup&Go來速咖啡購買的機會也是有的。

但是喝咖啡的時機與情境也有很大不同，若是因為洽公或是聚會，則必須考量場地設備等因素；反之，如果是一個人的獨處時光，在乎的可能是氛圍和體驗。當中油的加油站作為核心通路時，除了

讓消費者因為加油折扣成為會員外，更重要的是從「元行銷」的角度出發，從核心的品牌塑造，到提供能強化擴大與消費者連結的產品服務，並吸引留住能帶來更高收益的消費者。

關係行銷的涵蓋面向包括了消費者、上下游廠商及其他合作夥伴，尤其是內部關係行銷的建立在於──所有部門及全體員工擁有一致的品牌認同觀點，更進一步透過社會行銷，傳達組織與品牌重視的企業道德、社區發展安全、自然環境議題等態度。

以現在中油轉型成功的加油站，基於綠能智慧加油站的規劃，有的腹地因為是花園，可見社區居民前來散步；也有的增設社區陶藝、歌仔戲教室，提供民眾學習場所及鄉親聊天室。但更多的是位在風景區、偏鄉地區的加油站，除了基本功能之外，更能成為消費者休憩打卡的據點。

所謂顧客關係管理，是品牌以消費者個人溝通為基礎，利用資料庫的大數據技術，透過對個別消費者的分析，建立與消費者的關係互動，提供專屬的服務，以強化消費者對品牌的認同度與忠誠度。

對於中油來說，加油站的功能包含車輛保養、國光牌車用尿素溶液補充、洗車等，對於電動機車來說，也能夠提供充換電的服務。這時，針對不同商圈、區域、消費目的與習慣進行會員輪廓分析，才能讓各個不同的加油站，規劃提供更符合會員的專屬需求服務。

數位科技的導入

運用元宇宙的概念不但可以將老化的品牌提升轉型，甚至還能

吸納更多年輕消費者的注意及認同，像是設計獨特的虛擬物件，如加油卡或加油道具等，讓消費者以「數位貨幣」支付以完成行銷轉換。

同時既有的會員資料，在可運用及授權的範圍內，作為發展數位商業模式的依據，並且在完整掌握數據之後，設立如：移動、交易、購買、應對等個性化回應機制，更即時的提供會員需要的服務與交易方式，利用數位平台的功能，以創造中油老品牌的忠誠度。

另外，中油可以透過創建虛擬加油站，和加油站附設的便利商店販售實體商品，利用 Web AR 技術讓消費者不只能在實體店面中購買，也能在虛擬世界中購買，創造嶄新獨特的沉浸式體驗。

同時針對不同商圈、區域的會員輪廓分析了解消費目的與習慣，才能使各個不同的加油站分別提供符合在地會員需求的服務。

當消費者能夠在實體產品服務與自己的虛擬世界中都能感受到中油的品牌連結時，就能幫企業找到更多元的營收機會，藉此也達成了與新消費族群經營接觸的目的。

在世界整體面臨更多能源缺乏、環境保育、企業社會責任及 ESG（環境保護，environment、社會責任，social 和公司治理，governance）議題時，越大型的傳統企業，越容易因體制及以往的成功，而錯失轉型的機會。

尤其當消費者能擁有更多選項，不論是加油還是加電，對加油站所提供的服務有更多期待時，從現有企業已提供的產品服務，到虛擬空間元宇宙的商機掌握，龐大的會員基礎以及這些消費者未來的需求與期望，往往是帶領企業走向新方向的「品牌北極星」。

當品牌所提供的產品服務是許多消費者的民生必需品時，同時也代表了眾人均期待品牌能更加落實企業的社會責任。回到「元行

銷」的關鍵思維，就是讓企業同仁能在具備消費者創新思維的同時，也能接受更多願意認同品牌的消費者加入企業，成為企業的一分子，或是接受消費者從忠誠會員的角度給予品牌建議、指引前進方向。

　　如此中油在面對未來可能的環境挑戰時，才能真正站穩腳步，因為，只有與越來越多相互肯定的夥伴同行，才能在充滿挑戰的時代裡堅定前行。

ENVIRONMENTAL SOCIAL GOVE

社會責任已經成為品牌行銷與經營時必須面對的關鍵議題，但是必須特別注意的是，與消費者溝通千萬別流於表象，更必須從營運模式和品牌文化來深化，才能獲得消費者的認同。

05
ESG議題

5.1

永續綠色餐飲及產品

永續綠色餐飲的發展好時機

我們的日常生活中,餐飲需求是生存的必要條件。然而有越來越多因人類為滿足口腹之慾所造成的整體環境衝擊議題也持續被眾人討論。以多數人採納之環評指標「碳排放」來說,環境部指出,食物的產品生命週期碳足跡可分為原料取得、製造、配送銷售、使用及廢棄處理回收等五個階段評估。另外像是食物里程、食材選用與烹調方式,也都是影響食物碳足跡的因素,甚至包含食材運送及外送員的交通方式,也越來越受消費者關注。

根據聯合國糧食及農業組織(Food and Agriculture Organization of the United Nations FAO)2021 年的調查統計,全球八大碳排行業中,食品產業以 165 億噸的碳排量佔整體 25%,是八個行業類別中的最大宗。隨著政策鼓勵更多餐飲業往綠色餐廳轉型,以及消費者逐漸重視環境及減碳議題,也讓更多業者願意並朝向綠色餐飲的方向經營。

以政策論,中央及地方政府對綠色餐飲的支持力度逐漸加大,透過相關政策和補助計劃,鼓勵餐飲業採用環保措施。例如環境部推出的「環保標章餐館」、「環保餐廳」及「溯源餐廳」,旨在認證符合環保標準的餐廳,並提供相應的政策支持和宣傳推廣。而同時針對手搖飲這類外帶為主的商品,以法規明定 9 月起禁用「一次性塑膠杯」,促使業者必須提出替換容器及其他服務配套措施。

綠色餐飲主要強調環境保護和資源節約的餐飲經營型態,其目標在品牌營運發展的過程中,盡可能減少對環境的負面影響,進而幫助環境永續發展。各類綠色認證標章的出現,也促使更多的餐飲業者加入綠色行列。這些標準通常涵蓋能耗管理、廢棄物處理、食

材來源等多方面，為業者落實環保提供了具體的操作指南。

隨著科技的進步，越來越多的創新技術被應用於餐飲業，例如智能廚房設備可以幫助餐廳更有效地管理能源消耗，而廚餘回收技術則能將廚餘轉化為能源或肥料，減少環境污染。像是透過使用節能設備、改進烹飪技術和優化能源管理降低能耗以減少碳排放，或推行資源回收再利用，包含水資源的合理使用，和食材及廚餘廢棄物的回收。

若是以一開始就針對內用設計的綠色餐廳思考，則可從環境友善和能源有效利用的概念著手，從建築外觀設計到內部廚房，更理想的處理廚餘廢棄物，又能兼顧消費者的體驗需求。在外帶外送的部分，則可選擇能夠降解的綠色包裝，和可持續發展的再生環保材料資源，降低消費者後續產生的環境問題，並能針對綠色餐飲的品牌定位和形象設計。

綠色餐飲越能提供創新產品服務，就越能提高消費者支持，業者在食材的選擇上，主要以本地採購優先，不僅能確保食材的新鮮度，還能減少食材運輸過程中的碳排放。也由於人們對健康飲食的需求不斷增長，有機和無添加劑的食材越來越受青睞，支持本地農漁畜牧業發展，還能更進一步推動食農教育。

以國內現況來說，我整理了幾家較具代表性的綠色餐飲業者，其具體實踐包括：

一、餐廳的食材主要來自台灣本地的有機農場，確保食材新鮮健康。

二、選擇可持續捕撈的海鮮，確保海洋資源永續。

三、採用公平交易及有機咖啡豆，確保咖啡豆來源可追溯，並保護生產者權益。

四、逐步推行環保包裝，減少塑膠和一次性材料的使用，外帶外送選用可分接解回收的餐器。

五、餐廳的裝潢使用再生材料及綠建築設計，如再生木材和可降解裝飾材料，還能降低營業耗能。

六、設有專門的廚餘回收系統，將廚餘轉化為肥料，用於農場種植。

七、實行廢棄物分類回收，減少廢棄物產生。

八、店內外均推廣使用可重複使用的容器並提供優惠，鼓勵消費者自帶環保餐器。

九、電力來源包含安裝了太陽能板或採購綠電，使用綠色能源來減少碳排放。

《元行銷：元宇宙時代的品牌行銷策略，一切從零開始》一書指出，當消費者對購買綠色產品越支持，越認同相關理念，自己投入綠色產業或鼓勵身邊的人加入的機會也越來越高，甚至願意推薦家人朋友一起支持使用。以綠色餐飲來說，連帶包含綠色旅遊、休閒農業及台灣特色產業與地酒等，都是經由末端消費接觸而產生連結。

從消費者角度來說，認識了解綠色餐飲是一個門檻，年輕人較容易接受認同，但實質消費金額實力較低；中生代的上班族或家長對綠色餐飲也有一定程度的接受度，但仍需配合更多的使用目的與價格誘因，如家庭聚餐、特殊節慶，上門的機會才會提高。而銀髮族本身就重視健康養生，不過若是希望消費者日常就能選擇綠色餐飲為常態消費，其荷包深度與品牌偏好仍是重點。

同時，綠色餐飲的概念不只是在餐廳內用，家中日常的料理或

外送外帶的餐飲選擇，也會是綠色習慣的重要累積。就算消費者有意願支持綠色餐飲，但仍取決於家中主要的採購備餐成員，關鍵角色若沒有相對認知及購買意願，仍終將功虧一簣。

除非綠色餐飲的溝通能深化普及至不同階層，由政府、非營利組織及企業一起合作推動，用合適的傳播方式與消費者溝通，才能為消費者建立更好的認知，以及對綠色餐飲的興趣，才能真正影響未來的生活。

綜觀現行台灣國際餐飲品牌、上市櫃餐飲集團和米其林等級餐廳，相對因法規、長期發展策略和品牌定位，及目標客群與投資人支持，已有不少業者針對綠色餐飲投入資源，如何鼓勵更多中小型餐飲企業加入，也是代表餐飲業綠色轉型發展的續航力。例如夜市、餐車市集到老店再造，消費者習慣的養成不能只靠高價餐廳或指標品牌，必須在日常生活潛移默化，才能使綠色餐飲發展長久。

綠色商品與永續餐飲的消費者輪廓

對有心經營綠色永續餐飲品牌的業者來說，常認為推出的綠色產品市場反應不如預期，不見預期的目標消費者上門，其實有很大一部分的原因在於，經營者未能搞懂誰是真正的主要的消費者，以及找到真正具有潛力的目標對象。

消費者受限於自身條件，在選擇綠色永續餐飲時，品牌能否理解消費者對於綠色消費的推動成功與否有著極大關聯。消費者若優先考慮的是價格或使用目的，購買永續產品的意願就不會太高。

就我過往輔導業者的經驗，總會先引導業者重新界定目標客群，優先找出就算沒有品牌行銷也願意支持綠色消費的環保人士，

由於這群人對永續議題有較高認知，對綠色消費有強烈的主觀意識和需求。

多數品牌業者認為，教育及收入水平高者有較高的環保意識、有更強烈的社會責任，這個族群最容易買單綠色產品，也更容易受到綠色行銷的影響。但實際上透過我們的調查發現，越是高收入的高級知識分子，由於關注環境問題，對類似的產品服務已做過功課，也曾選購過其他品牌，因此要滿足他們的需求就必須打敗現有競爭者，難度不可謂不高。

好比不含有害物質的綠色產品，像是無農藥有機食品、無毒清潔用品，在這樣的基礎上是否還能有更好的加分？包含改善農業環境、產品使用後的汙水排放能有利生態且不影響產品清潔力等。又或者是支持庇護工場商品社會責任的長期消費者，更期待產品外盒的設計能更加提升，讓人送得出手，感到驚艷，同時考兼顧循環經濟。這些才能打動消費者繼續支持品牌，或給予新品牌機會。

因此我會換個層面建議，目標是使消費者將「一般日常消費」，轉向「綠色商品服務」，如此也可以提高綠色品牌被選擇的機會。因為不同族群對綠色永續餐飲的需求和消費行為各異，可以從小資族、中年上班族、家庭主婦、大學生這四個族群著手，由淺入深的強化目標消費者對品牌的認知與需求，反而更有機會找到新商機。

以小資族來說，通常是剛踏入社會的年輕人，雖然有環保意識，但現實收入相對有限，工作時間緊張、壓力大，這時品牌業者可以針對以外送模式的綠色餐飲及具有療癒功能的小物開發。另外，許多女性小資族也更重視個人的慰勞，所以像是永續珠寶或是有品質的循環經濟服飾，都有相當大的商機。

中年上班族多為有穩定收入的成年人，並且有一定的經濟能力

支持綠色消費，但是消費行為受工作和家庭責任的影響較大，這時除了上班日常的需求滿足外，更重視的是家庭生活。所以透過節慶行銷的機會，開發適合一家人聚餐的永續餐飲，或是家人可以一起穿著有設計感的綠色紡織品，都能兼顧目的和理念，達到銷售機會。

家庭主婦通常負責家庭的日常開支和飲食安排，消費行為受家庭成員健康和家庭預算的影響較大，因此對食品安全和健康議題關注度高，但更重視價格與日常開銷的平衡。因此品牌業者可以著重以更平價有機的天然食材，透過供應鏈降低消費者購買的壓力，另外家庭主婦對額外贈送可重複使用的購物袋、環保杯已經過量取得，這時更有創意的循環商品才能具有足夠的吸引力。

大學生多為 18～24 歲的年輕人，具有較強的自主意識，但經濟能力有限，需要在實惠和環保之間找到平衡，消費行為受學校同儕團體和社群媒體的影響較大。因此業者若能透過進駐校園餐飲及宿舍生活圈，較有機會接觸到目標客群，同時設計能讓大學生參與的社群活動和議題，就更能引發他們對品牌的興趣與關注。

不同族群的消費者，在消費輪廓和消費需求方面也存在顯著差異。小資族對方便快捷且健康的綠色餐飲有較高需求，中年上班族則更考慮工作外的家庭節慶消費。家庭主婦關注家庭成員的健康和食品安全，但價格必須實惠親民，大學生具有較強的自主意識和社交需求，也更依賴同儕和學校的環境支持。理解這些不同族群的需求，更有助於綠色產品和永續餐飲業者滿足市場需求，推動環保和可持續發展理念，也為品牌帶來長期的獲利能力。

永續餐飲企業的品牌再造

　　近年來各種食品安全問題不斷出現，導致消費者感到不安，雖然許多食品大廠配合法規自律，願意負起更多社會責任，但是像員工權利、供應鏈管理、環境保護、社區溝通，甚至是危機因應能力，仍然有相當的進步空間。因此永續餐飲就成了更多人關注的焦點，筆者希望藉由品牌再造，能讓整體餐飲產業、社會環境及消費者，因此獲得三贏的局面。

　　台灣金融監督管理委員會規定上市（櫃）的台灣食品業應編製永續報告書，加強揭露食品企業在供應鏈管理暨採購實務、保障顧客健康與安全、產品及服務標示及法規遵循考量面之具體管理方針及績效指標，使非財務與財務資訊都可以同樣的標準被公開檢視。

　　透過企業社會責任資訊的揭露與利害關係人溝通，包含董事會及管理階層的運作、正視員工權利及社區的和諧、環境保護、供應鏈管理及食品安全防護和危機因應能力等等相關資訊，以重振供應鏈廠商與消費者的信任，並強化企業必須直接面對民眾公司之社會責任。

　　永續餐飲是一種廣泛的概念，涵蓋了綠色餐飲的所有特徵，並進一步強調社會責任和經濟可持續性，以及品牌更長久的經營價值，可以滿足當前的消費者需求，但也不致因此損害到未來持續發展的可能。以經濟可持續性來說，確保餐飲業者的經營模式能夠持續發展，並且為當地經濟帶來積極影響。

　　餐飲業在運營過程中，永續餐飲採用能夠減少對環境影響的方法和策略，並確保資源的長期可持續利用。從食品生產、加工、運輸、供應以及廢棄物處理等環節的可持續性來提升，進而達到像是

減少碳足跡、保護生態系統並促進社會經濟的正面發展。

許多餐飲業選擇從當地農場或供應商採購食材，這不僅能夠支持本地經濟，還能減少食材運輸過程中的碳排放，例如「田媽媽」餐廳強調使用本地和有機食材，與當地農民合作，採購當地種植的有機蔬菜、水果和穀物，並根據季節變化設計菜單，確保食材的新鮮和安全。

在永續發展的層面包含培養身心障礙者成為員工，創造合適的工作環境及增加他們的收入，或者是透過中高齡再就業，搭配人機AI 的合作，讓人才資源可以再次被發揮。

或是可以通過精確預測客流量和需求來減少食材浪費，並將剩餘食物捐贈給需要的人。例如「食物銀行」與多家餐廳合作，將每日剩餘食物捐贈給低收入家庭和無家可歸者，也提升社會責任的公益形象。

創新永續餐飲服務需要從多個方面入手，包括食材的選擇、烹飪技術、供應鏈管理、顧客服務以及企業社會責任等。像是有的餐廳自行建置水培蔬菜，或是採用魚菜共生系統的供應商，可以減少對傳統農業的依賴，同時也節省了水資源，提升永續環境的經營。或是永續酒吧使用地酒調酒、搭配的水果和香料屬於可循環食材，以及裝潢與設計使用的材料為綠色建材，這些新型態的經營模式，都讓永續酒吧成為不少消費者的新選擇。

以國內來說，有不少當地農民和生產者建立的合作社，共同管理和分享資源，確保穩定的食材供應和公平的價格，這時，永續餐飲的服務中，可以是採購相關的農產品，也可以透過遊程設計讓我們餐桌就在產地，雙向連結和善意的奔赴，也提升了食農教育的成果及永續經營的可能性。

數位科技的導入也讓永續餐飲服務互動性更高,例如電子菜單的設計提供更多資訊,藉由 QR Code 掃碼後可以點餐,更可以讓消費者自行閱讀,透過了解菜品的故事、食材來源、營養價值和環境影響,增加消費者對品牌投入永續餐飲的認識,並提升持續性的參與感,而不是冰冷的回收菜單後就只等待餐點上桌。區塊鏈技術也使品牌業者能被更妥善檢視,記錄食材的來源和運輸過程,確保每一個環節的可追溯性,增加顧客的信任。

永續餐飲服務不僅是對環境的責任,通過創新的設計和實施策略,企業可以在保護地球的同時,實現經濟效益和社會責任的雙贏。

隨著消費者對永續餐飲的認識和需求不斷增加,永續餐飲服務將成為餐飲業發展的重要趨勢。通過採用本地採購、推廣素食、減少浪費、使用環保包裝等措施,品牌有機會透過差異化在市場競爭中脫穎而出,創造更高價值的服務。

品牌想要推動創新的永續餐飲服務,需要從品牌再造制定策略和實施計畫,依據《獲利的金鑰:品牌再造與創新》一書的轉型流程,並應用「品牌再造十字架」的結構,我將其分為五個步驟。

一、評估組織現狀:品牌需要對目前的營運狀況進行全面評估,找出需要改進的地方和潛在的可持續性機會。例如,食材浪費分析、供應鏈存在道德爭議或品牌形象不佳等,透過系統性評估方式了解現有問題。

二、具體策略擬定:從品牌的經營團隊和外部輔導機構的討論,擬定出具有永續概念的策略,並將策略中的核心內容具體描述出來,再經由共識或高層決定後做為品牌永續轉型的階段性指導方針。

三、確認轉型目標：根據評估結果，設定具體的品牌永續轉型目標和指標，並針對不同階段擬定需要達成的結果，例如一年內減少 10% 的碳排放、三年內將當地食材的使用比例提高到 50% 等。

四、制定執行計劃：根據設定的目標，制定詳細的實施計劃，包括具體的措施、時間表和責任人。例如計劃每季度進行一次，永續菜單設計與菜品產出的培訓，並定期評估和根據結果調整措施。

五、投入對應資源：針對品牌的內部與外部需求，投入相對應的資源來支持，像是運用整合行銷傳播重新向目標消費者溝通、通過社交媒體分享品牌理念與動，或是內部培訓確保所有員工理解並支持永續餐飲服務的理念。

餐飲業永續與綠色服務的具體策略中，對於消費者的需求還是相當重要的，像是透過採購本地和季節性食材，可以讓我們品嚐到保證新鮮和當季風味的美食，使用有機和無農藥的食材，並在菜單中標明食材的來源和認證情況，也能增加消費者的信任感。從永續經營的層面來說，引進高效節能的廚房設備，如節能爐、冰箱和烤箱，藉此減少能源消耗，也對於維持餐飲價格可能有所幫助，若是上市櫃公司更能因為降低成本、獲利提升，讓投資人與股東更安心持有。

疫情的時候有不少餐飲業曾因店面閒置而轉型利用，但其實從永續餐飲的角度來說，除了與其他企業、非營利組織或政府單位合作，利用非營業高峰時段，現在更應該持續舉辦相關的講座、工作坊和品鑑會，教育顧客關於永續飲食的知識；或是為員工提供關於

永續餐飲的培訓，使其理解並實踐可持續的運營模式，從而提升整體服務質量和企業形象，也能讓消費者能夠持續感受到品牌對永續議題的關注與投入。

但若店內營業空間有限，則可鼓勵員工投入合適的活動，也能強化品牌對永續經營的理念與堅持，透過與特定社區合作，也可以參與永續和社會公益活動，贊助需要幫助的對象，甚至是與庇護工廠等機構推出聯名商品，增強正面的品牌形象。以地方創生來說，青年返鄉經營餐廳，並創造當地經濟的成長，也讓所在地的人口能持續增加。

綠色行銷與包裝須找出消費者的需求缺口

很多業者因為綠色產品趨勢及服務商機大起，不少老品牌轉型投入這個市場，更多創新的業者希望能找出市場差異，讓消費者願意買單支持。

然而前仆後繼的投入後發現，其實消費者並沒有想像中那麼認同。有鑑於這些年的輔導經驗，我認為主要的問題可以分為兩個：第一是綠色產品與現有產品的區隔不足，第二就是沒有針對消費者需求滿足缺口。

先就綠色產品與現有產品的區隔來說明。許多綠色產品的研發和生產成本通常較高，可能是因為創新技術創新需要大量資源投入，或是使用的環保材料成本較高，導致產品價格較高影響市場接受度，但是最終產出的產品並不一定能讓消費者感受到產品變得比原來更好，甚至比原有使用的產品更不理想。

另外，不少綠色技術尚未成熟，例如電動車的電池續航能力有

限，同時充電設施不足，這時產品本身的問題就得靠更好的服務來支持，或是直到平價且理想的技術出現。

第二個重點是沒有針對消費者需求滿足缺口。隨著全球對環保和社會責任意識的提升，綠色產品包裝成為企業實踐 ESG 理念的重要手段之一，ESG 與綠色產品包裝的關聯中，不過對於消費者來說，產品及服務本身與自己有較高的使用關聯，但是通常會被棄置的包裝則沒有這麼高的關注度，甚至我從以往的經驗發現，有消費者會認為綠色及永續包裝可能較差，或有其他問題。

在綠色產品包裝的趨勢中，隨著對塑料污染的關注增加，可降解包裝材料的需求不斷上升，這些材料通常來自植物源，能在自然環境中分解，減少廢棄物積累。若是針對可回收再利用的包裝，如玻璃、不銹鋼、鋁、紙等也較為常見，可以被多次回收利用，減少對自然資源的消耗。

例如以減少碳足跡為訴求的綠色包裝，材料通常來自可再生資源，如生物可降解塑料、紙張或是竹子、甘蔗渣等，生產過程中碳排放較低。例如 IKEA 的產品設計注重平板包裝，減少運輸過程中的空間浪費和碳排放，並使用大量可回收和可再生材料，如 FSC 認證的木材、再生塑料等，減少對環境的影響。

若是針對資源節約層面，輕量化設計可以降低材料使用量和運輸成本，同時保持包裝的功能和強度，另外也有強調材料的高效回收和再利用，將可回收包裝材料能夠在使用後進行再加工，減少廢棄物對環境的影響。不過並非每種綠色包裝都能兼顧不同的訴求，還是要回歸消費者的需求，及兼顧品牌理念，不然連根本的包裝應用功能都不理想，就更難被推廣和接受。

也有從社會層面來思考的永續包裝，像是通過採用當地生產的

綠色包裝材料，支持本地經濟，增強社區關係，也有針對便於拆解和更換的流程來設計，讓更多的社會公益團體可以加入其中，甚至是針對末端的廢棄物處理階段，交由公益組織來進行回收和再利用，提升整體性的社會價值和幫助。或是一般包裝材料但是由庇護工場等社福來組裝，都能對於品牌參與 ESG 的層面，有更好的助益。

　　綠色及永續包裝是品牌實踐 ESG 理念的重要手段，不僅有助於環保，還能增強企業的社會責任感和透明度，隨著技術的進步和消費者環保意識的提升，更多的業者及研究機構持續投入，探索和研發新型環保材料，如菌絲體材料、藻類塑料等，提供更多市場的選擇。

　　對於上市櫃公司來說，在永續報告書中說明採用的綠色及永續包裝策略，以及遵循環保法規的要求，都能從公司治理層面增強投資者和消費者的信任。

　　根據市場調查顯示，國內消費者在購買產品時，越來越注重環保標識和產品的環保性能，願意為環保產品支付更高的價格，但是對於品牌的行銷訴求是否貫徹，或是針對綠色及永續包裝額外付費卻持保留態度。這代表消費者對綠色產品的認同和需求增長，但是對於品牌的實踐及切身使用無關的層面，並未完全提升。

　　因此對於消費者來說，通過網站和宣傳讓消費者了解品牌的綠色及永續訊息，並且能透明的讓消費者檢視是很重要的，當消費者逐漸接受並產生認同時，就能進一步設計鼓勵消費者參與的行動，例如回收獎勵計劃、自帶容器優惠等，增強消費者的參與行為。

綠色產品的賣點和機會

　　隨著全球環保意識的提升，綠色產品市場迎來了前所未有的發展機會，綠色產品的發展不僅能夠保護環境，還能促進經濟的可持續發展。

　　台灣政府也積極推動綠色經濟發展，以及推動一系列相關政策，行政院環保署推行的「綠色採購政策」，要求政府機關和公營企業優先採購綠色產品。另外還推動能源轉型，通過《再生能源發展條例》等政策，鼓勵企業發展綠色能源和節能技術。

　　近年來綠色產品的商機越來越大，從太陽能、風能等可再生能源技術及服務的能源產業，生產低能耗、高效能的電子產品，針對環保建材、節能建築技術的居家產業，到電動車、混合動力車等低排放交通工具。另外像是環保清潔劑、可生物降解包裝，以及訴求綠色永續的餐飲業。

　　綠色產品是指在產品生命周期內（從設計、生產、使用到廢棄）對環境影響較小，並且有助於資源節約和環境保護的產品。這些產品通常具有以下特點：

　　一、環境友好：減少對環境的污染，包括空氣、水、土壤等。

　　二、資源節約：高效利用能源和資源，減少浪費。

　　三、可回收：容易回收和再利用，降低資源消耗。

　　四、無毒無害：在生產和使用過程中不釋放有害物質，對人體與環境健康無害。

　　五、實踐平等：不可以剝削勞工，歧視少數族群，要對弱勢給予平等的尊重。

因此針對綠色產品的發展商機,一般大致上分為六種原因造成的改變:經濟的改變、社會與人口的變遷、科技的改變、政策／法律的改變、顧客需求改變及其他改變。像是政策為了支持綠色產品的市場發展,透過政府的補貼、稅收優惠和技術支持等措施,降低了企業發展綠色產品的成本,提高了市場競爭力。

科技的進步也讓綠色產品的技術創新更容易達成,企業可以開發出高效能、低能耗、環保友好的產品,來滿足市場需求的商機。綠色產品的需求也帶動了老品牌的轉型,以及促進傳統產業的升級,能提供市場需要的產品和服務,適應市場需求變化的業者才能生存下來。

隨著環保教育的普及和媒體宣傳的推動,消費者的永續意識也跟著提升,越來越多的消費者在購買產品時,會優先考慮產品的環保性能和對環境的影響。

社會氛圍和文化改變,也讓綠色產品更容易被消費者接受,並且以 ESG 為訴求的品牌,因其社會責任和環保訴求,獲得了更多的認可和品牌忠誠度,但同時也會受到更高強度的檢視,以證明確實堅持理念來經營。

消費者需求的增長,直接帶動了綠色產品市場的擴展,包含節能家電、環保無毒建材、綠色餐飲等綠色產品的銷售額逐年上升。消費者對綠色產品的需求,促使市場出現變化,例如在永續餐飲在選購時,因為消費者更關注產品的生態友善和無毒無害特性,也讓業者更加速開發相關的綠色餐飲產品及服務。

但所謂商機也必須針對消費能力因應,即便消費者願意支付溢價購買綠色產品,但是當經濟情況不如以往時,平價的綠色產品或是搭配的促銷方案就很重要。從經濟現實層面來說,我們在選購家

電時，更傾向於選擇節能型產品，達到降低電費的目的，而對於企業經營者來說，門市的節約能源更是重要，影響了公司的營運成本與獲利，這時在針對相關供應商的採購時，提出的要求也就成為了商機的一環。

綠色產品的最明顯的優勢在於對社會環境的友善性，產品在生產和使用過程中減少了對環境的污染，並降低了碳足跡。例如電動車使用清潔能源代替傳統燃油，減少了廢氣排放後對空氣質量有正面的幫助。對於政府希望能與國際接軌，以及解決社會環境問題，也會推出政策和法規來支持。

另外綠色產品在設計和製造過程中，也更注重資源的高效利用減少浪費，像是使用再生材料、減少包裝廢棄物等行動都能有效節約資源。並且在消費者感受中，投入綠色產品生產和銷售的企業，也較容易獲得良好的品牌形象，甚至提升一定程度的市場競爭力。

因此要達到讓消費者或是 B2B（Business-to-Business）採購買單綠色產品，除了創新的產品及服務本身之外，利用整合行銷傳播和品牌再造的整體架構才是關鍵。《獲利的金鑰：品牌再造與創新》指出當整體市場發生劇烈變化時，企業可以通過策略來因應，而某些綠色產品即便再怎麼有理念，仍然要讓消費者知道與認同才有用。

綠色行銷是指企業在產品或服務的設計、生產、包裝、推廣和銷售過程中，強調環保和可持續發展的理念，並藉此提升品牌形象，吸引消費者的支持。對於品牌來說，綠色行銷的核心是通過實踐環保措施和推廣綠色理念，向顧客傳達企業對環境的承諾和責任感。

餐飲業的綠色行銷不僅涉及食材的選擇和採購、廚房的運營和

管理、包裝和外帶服務，還包括顧客服務和社區參與等多個方面。通過綠色行銷策略，餐飲企業可以提升品牌認知度，增強顧客忠誠度，並在激烈的市場競爭中脫穎而出。

像是運用社群媒體更直接與目標消費者互動，或是通過公益活動和社會責任行動，提升品牌形象和消費者認同，另外搭上政府政策的列車獲得更多的資源後，經由官方背書擴大品牌影響力。

不過，最終對於消費者來說，實質的使用能獲得更好的生活才是關鍵，要是洗髮精洗不乾淨、綠色餐飲不好吃，或是品牌只是透過「漂綠」來獲得認同，最終仍然會被市場所淘汰。

5.2

ESG
與
公共關係

缺工時代的解方

　　隨著台灣的經濟發展，餐飲產業從街邊的小吃到連鎖的上市集團，在疫情後迎來了一波波成長潮。從新創品牌陸續加入市場、主力品牌持續拓展店數，到老品牌重新整頓再出發。影響餐飲業的最大因素是營業成本上升，其次是食材成本波動大，再來就是人事成本。除了企業資源與行銷能力外，是否擁有具備足夠競爭力的人才，成了企業最大的考驗。我其實一直都持續在協助企業、非營利組織及軍方招募人才，解決缺工問題的答案常常就在眼前，但仍必須先釐清問題。

　　根據 104 人力銀行「2023 民生消費產業人才白皮書」統計，2024 年 Q1 民生消費產業平均每月徵才達 38.2 萬人、職缺供過於求。其中，餐飲業的缺工問題最大，求才難度是整體市場的 4.4 倍。近期一直被高度討論的餐飲服務業缺工議題，我認為問題的關鍵在三個部分：「人才在哪裡」、「為什麼選擇你的品牌」，以及「怎麼留下人才」。

　　首先，講到「人才在哪裡」就要先來談談——誰適合從事餐飲服務業。早期餐飲服務業現場人員入門門檻不高，但是熱門餐期時服務人員不但要靈活應變，還要有高度的抗壓性，現在的現場人員更要面對負責複雜的顧客情緒，以及因工作而無法跟家人過節的考驗。

　　少子化的影響讓投入就業市場的「年輕人」減少，但是適合餐飲服務業的人才不是只有青年，大宗的就業主力在 30 歲到 50 歲之間，甚至還有銀髮再就業的人力。當就業市場的個人收入趨於平等時，找到人格特質更適合面對消費者，個性上較為穩定也願意接

受挑戰的人才,像是軍方人才退役到社會職場任職,再加上家庭結構能適合餐飲服務業,比較不會因為輪班及假日工作而感到困擾的人。

再來是「為什麼選擇你的品牌」。投入餐飲服務市場的競爭者越來越多,各家品牌業者不只要跟同業搶人才,還要讓現在就任的人才不流失,甚至願意替品牌背書推薦人才,這時品牌力就是相當重要的關鍵。當員工覺得在這個品牌服務很光榮,並且個人收入與公司發展績效結合時,就會更想進入這家公司上班。不少連鎖品牌總部需要更多的知識分子,而這群人對於品牌形象也更為重視,因此品牌的 ESG(Environmental 環境保護、Social 社會責任以及 governance 公司治理)經營也是缺工問題的影響因素之一。

企業治理在 ESG 中的角色,以往比較偏向公司內部管理,但是面對現今的大缺工時代,不論是潛在員工的溝通或是投資者的認同,都更加依賴品牌的整體溝通。求職者願不願意進入這家公司上班,除了薪資的誘因是必要條件外,公司的形象與內部文化更越來越受到年輕世代的關注。再者以投資人的角度來看,儘管公司賺不賺錢很重要,但公司的治理則會影響企業長期發展的可能性,而不是著重在短線操作,這時也必須透過與群眾溝通來讓投資人理解及認同企業文化。

企業品牌如何內化

以往不少企業甚至是非營利組織,在建立規劃行銷部門的時候,首要考慮的是策略規劃的人才,或是促銷推廣的需求,而較具有規模的部門分工,則會有廣告及媒體採購的需求,以及公關媒體

對應的窗口。當企業希望結合像是世界地球日這樣的環保節慶，進而來提升品牌形象時，應該要先反思可以怎麼從內部的 ESG 開始，改變企業體質、提升品牌理念，讓公司同仁更樂意支持公司的提升，並為環境帶來改變，同時再針對特定節慶活動來結合推廣。

我曾遇到某企業在世界地球日的活動時，要求全公司暫停開冷氣一天，當時正好氣候炎熱，大家不是自備電扇、叫冷飲外賣解渴，就是刻意藉口外出；然而最後居然發現，老闆因為整天都在外面開會，其實根本沒有受到影響。就像這幾年大家開始重視剩食的問題，有的品牌願意讓消費者以更優惠的方式幫忙消化剩食，也有企業是將剩食捐給慈善機構；但還是有麵包店為了店面排面好看而過度生產，卻在店鋪打烊後不願將剩餘麵包流出影響品牌價值，結果乾脆將剩食撒上漂白水後丟掉……這些都是企業內部對 ESG 觀念還有待溝通改善的例證。

像是政府單位必須常常發布相關政策及舉辦記者會，或是上市櫃公司固定的重大訊息及法人說明會，都常能見到公關人員的身影。我也發現這幾年因為數位時代的改變，許多中小企業、甚至非營利組織也更重視品牌公關，一方面希望透過 ESG 來建立品牌形象，二來則是希望能透過公關人員直接接觸到大眾媒體，最重要的是，擔心品牌若突發未知的危機而缺乏專業人員因應，因此考慮增設公關職務或尋找專業的公司合作。

但不少企業主、甚至是行銷部門的高階主管，對於什麼是公關專業，或者這樣的 ESG 工作究竟該由自己公司的同仁負責，還是外包給公關公司處理，常常沒有頭緒。當然，企業在有了這樣一筆經費支出的同時，更希望公關人員能夠發揮更大的價值效益。相較於一般行銷企劃的專業多元，若一個組織有專業的公關人員、甚

至部門，通常也包含了常態與媒體互動的考量，但仍有不少單位因為衡量人事成本，對企業內部是否需要專門的公關人員，仍多所評估。

品牌的評估角度

隨著企業的社會責任越來越受到重視，確實有不少品牌是真的用心於 ESG 的落實，但更多的是視 ESG 為競爭優勢及行銷手段，當品牌自己先在消費者腦海中成功塑造了好印象，對手就必須更努力或採不同角度切入，才能夠打動消費者。然而 ESG 的溝通不是只有努力做就能收效，更多得透過適當的廣告向大眾宣告，甚至是針對品牌認為重要的議題主動出擊。

某些企業需要頻繁與媒體接觸，故設有專責的公關部門，但有些企業與媒體接觸頻率不高，便會考慮將公關業務外包給公關公司。

也因此近年來不少公關公司也面臨轉型，專門協助品牌進行 ESG 的溝通專案。在國內因為傳播科系的普及，所以像是專業的公共關係系所、記者專業人士轉職，或是自己進修專業，找專業人才或是公司來推動相關的公關工作，透過與時事議題的連結，以及社會責任相關的專案規劃，對於企業爭取更多公眾支持，或是希望長期經營的品牌，都是可以思考的面向。

因此我在此分享過去協助過不同組織，評估是否在企業中建立自己的公關部門來進行 ESG 的操作，還是交給專業的公司處理，提出三個面向作為評估的標準。

一、行銷的內容是否希望常被媒體看到

相較於促銷活動或是社群行銷，如何運用媒體資源並加以整合，有計劃性的提出 ESG 的宣傳方案，擬定傳播策略來建立品牌的可信度與能見度，都是公關人員的專業範疇。但若只是偶爾需要跟特定媒體溝通，組織內部也沒有其他行銷人員可以負責相關業務，就可以考慮當有超出行銷部門能力範圍的專案時，將公關工作委託給專業的公關公司來負責。這樣不但可以降低常態的人員成本開銷，也較容易透過專業來達成工作。

二、社會溝通的需求是否為常態

數位環境中其中之一的改變，就是記者的工作方式與應對有更即時且多元的影響，包含記者的工作壓力、不同形式的媒體溝通方式，都較以往更為快速而且即時。像是突發的 ESG 議題或重大事件，當組織希望能更跟上媒體需求，並且作為議題訊息的提供者時，就可以考慮品牌本身自備這樣的人才。企業內有公關專人了解媒體作業的步驟與流程，並做為應對的受訪者或發言人，方能滿足記者和媒體的需要。

三、是否面臨品牌轉型或再造

以往企業沒有特別針對社會責任項目規劃相關的工作，或評估行銷資源的集中性問題時，媒體溝通可能不是首要任務。但是當面臨品牌轉型或品牌再造這樣的重大議題時，包含需要與更廣泛的

「利害關係人」進行溝通時，最好是準備專業且有系統的公關公司來予以協助。尤其是遇到品牌轉型的關鍵時刻，或面臨品牌危機存亡的非常時期，若沒有從內而外建立品牌共識，嚴重的話甚至可能使品牌覆滅。因此，除了善加利用外部的專業團隊解決問題，也需要規劃內部相關同仁具備針對公司內部溝通的 ESG 專業知識。

若有頻繁與媒體溝通的需求，或正值品牌轉型之際，培養內部專業的 ESG 人才，能為公司帶來長遠效益。當大環境越需要媒體與企業、非營利組織之間的溝通橋樑，不只是單純發新聞稿、舉辦媒體餐會或記者會，而是更完整提出公關及品牌溝通策略時，組織應該因應需求投入公共關係經營資源，並且尊重專業以完成工作，甚至是主動出擊來提升品牌形象，也成為越來越重要的事情。

當唐氏症名模走上舞台

過去大眾普遍對身心障礙者、包含唐氏症者，所能擔任的工作印象，多半停留在重複執行簡易步驟的庇護工場或更具自主培養性質的小作所職務上。但是近年卻看到時尚品牌「維多利亞的秘密」邀請有唐氏綜合症的波多黎各女模蘇菲亞吉勞（Sofia Jirau）走秀，更早她已登上過紐約時裝週；同樣有唐氏症的英國模特兒艾莉·戈爾茨坦（Ellie Goldstein），也勇於在鏡頭前展現真實的自我，並登上國際雜誌的封面。

聯合國和國際唐氏症組織（Down Syndrome International, DSI），將每年 3 月 21 日訂定為「世界唐氏症日」，同時國內企業也因為越來越重視能與世界接軌的 ESG，並更深入的 2030 永續發展目標 SDGs（Sustainable Development Goals），因此也

有不少企業願意聘雇身心障礙者，以及與庇護工場合作，透過社會創新供應商的遴選，像是生產及包裝工作的採購，增加身心障礙者的工作機會，並進一步提升身心障礙者的經濟與生活品質。

但是以最近一次勞動部的調查，國內 108 年 15 歲以上身心障礙者有近 113 萬人，其中就業的男性為 14.8 萬人左右，女性則為 6.8 萬人，從勞動力參與率來看，男性遠高於女性。當中從事的工作及行業以製造業最多，其次依序是批發及零售業、支援服務業以及住宿及餐飲業。而以唐氏症者也因為在智能及健康的影響下，在國內多半擔任「基層技術工及勞力工」及「服務及銷售工作人員」類型的工作。

時尚產業的正能量

以時尚產業而言，當我們看到國際上已有如此成功的唐氏症人士時，就更應該進一步思考，如何運用企業的力量，提升身心障礙者的就業機會，也同時能幫助企業提升品牌形象，並達到企業社會責任的落實。從創新及社會責任的角度來看，時尚產業仍然具有製造生產與銷售的工作需求，也很需要具有獨特創意的設計師，以及敢於表現自我的模特兒，其他像是從事生產的職人，甚至是門市的銷售人員，都應該有更多元的機會，尤其讓女性的身心障礙者有更多的發揮空間。

國內雖然已有不少企業積極參與身心障礙者的生活改善，並且投入資源幫助相關非營利組織，但真正能使身心障礙者擁有更好的工作技能、更有尊嚴的工作機會，並能持續帶來收入改善生活，就必須以創新的思維，針對企業本身的實際工作需求設計適合的職

務,並思考如何培訓養成具備相應能力的身心障礙者,尤其像唐氏症者初期需要更多的關注,但其實只要有合適的機會與舞台,一樣能有很好的表現。

事實上,在現有庇護工場體制中,已培養出不少具有一定技能的庇護員工,再透過就業轉銜的機制,加上企業與非營利組織合作,就能共同制定符合時尚產業的生涯轉銜計畫,以及更多創新工作模式;透過提供身心障礙者整體性及持續性的職涯規劃,就能落實SDG當中的「性別平權」以及「合適的工作及經濟成長」指標。另外家長的支持與鼓勵,透過購買及時尚活動的參與,讓企業能夠持續運作得更好,也是幫助身心障礙者成長的動力,當站在雲端的時尚產業,都能成為她/他們的助力時,就能使社會大眾有更多學習致敬的機會。

5.3

世界
地球日

合適的運用面向

近年來以食品業為例,從蘇丹紅辣椒粉、咖啡混豆、工業氣體混用、經營者道德問題,到過期改標、添加不適當的成分等問題產屢上新聞版面,當企業無需自我揭露資訊,只追求利益導向時,不論是造成消費者健康顧慮還是市場恐慌,都是源自於企業自身的品牌理念與道德觀已產生問題。

有少數企業每逢世界地球日及其他環保節慶,會要求同仁節約能源、參與淨灘、山上撿垃圾等活動;但仍須回歸本質,有可能同仁對環保活動的參與,不見得樂意自發,也只是受公司的壓力而為。更重要的是企業在生產製造的過程中,是否造成了環境的汙染危害。

好消息是,由於國內許多品牌的支持與推動,愈來愈多人知道四月廿二日是世界地球日,這個日子最重要的意義,就是提醒大眾環境保護的重要,同時也是許多企業組織展現自己落實社會責任的最佳時機。透過參與國際環境保育議題的機會,讓更多人認識並認同台灣。在與世界接軌的節慶活動中,每年一度的「世界地球日」顯得格外重要。尤其是疫情至今,不少地方因為減少了人為的汙染與破壞,反而逐漸恢復自然生機之際,世界地球日的重要性更益發受到重視。

這個強調拯救地球,鼓勵社會大眾採取更積極行動的環保節慶,在台灣仍有相當的推廣空間。有人會將這個節慶與蔬食、環保、甚至是能源議題一併討論,也有不少企業會在這時搭上風潮,推出促銷活動或是進行公益活動增進品牌形象,但大多數的企業與普羅大眾對世界地球日還是印象模糊,或常與「Earth Hour 地球

1小時」世界關燈日搞混，以為只要做一個小動作就能改變地球。

　　不少組織利用這個絕佳時機來推動品牌的環保轉型。對於企業組織來說，參與世界地球日的宣示意義其實比較大，從「品牌耶誕樹」的理論看來，企業參與或支持特定節慶的原因，為的是落實品牌理念，而品牌理念包含了使命與願景，企業究竟要做些什麼才能對企業、組織與消費者及整個環境更好？這並不是喊喊口號或舉辦活動就能達成，但至少企業願意跨出這一步，不論是對內或對外，都多了一點正面的力量。

消費者的行動指標

　　品牌推動企業社會責任對消費者購買意願的影響，更進一步的思維，我認為就是讓消費者透過參與品牌行動，共同承擔社會環境、教育和健康等責任，最終當消費者自身也意識到，要使自己的生活更加永續美好，透過支持品牌也滿足自身需求的情況下付出一臂之力，與品牌共同承擔社會責任一起前進。

　　事實上，是先有關注 ESG 議題的消費者影響並改變了企業，還是先有以 ESG 為訴求的品牌教育了消費者行為，在不同產業差異很大。尤其是環境保護、社會責任和公司治理的面向中，綠色行銷多半是以環境保護為主，但是要品牌主動去關注社會弱勢族群，甚至為此投入行銷溝通資源，就必須面對實質的營運效益。

　　然而，對多數消費者而言，雖然認同世界地球日的意義，但對於自己究竟該怎麼參與，或行動是否真能帶來幫助，還是有很多疑問。例如有品牌業者推出捐二手衣做公益，但這點早已有團體進行；且更多的情況是捐贈物不一定符合受贈者的需求，再加上捐贈

物的利用成效不夠快，導致過量倉儲囤積，使原有的二手衣市場更增加了競爭。

別讓美意成負擔

有的企業為了展現企業永續發展的理念，會推出諸如加價贈送環保杯、環保袋的活動，但消費者返家後才發現，家中早已有許多用不上的杯子與袋子，反而更是造成資源的浪費。另外有些單位雖然從環保的角度出發，但支持或推動的議題，卻可能尚未經過足夠的驗證，而造成更多問題出現。

當消費者有心支持環保，卻又擔心企業的善舉只是曇花一現，甚至因自己的行動支持若還造成了後續問題，那就可惜了世人支持世界地球日的意義。

其實有些舉動就像是個種子，需要在對的時機與環境下，才能夠萌芽成長。節慶的重點在於提醒世人產生集體意識，但真正要推動這些環保議題，並落實企業的社會責任，還是需要擁有資源的相關單位，有策略地規畫執行。

或許當消費者親身參與低碳環保活動，一起關上不需要開的燈，甚至是至少在這一天出門時自備環保杯，都能讓世界地球日與大眾有所連結。

至於是否該因此購買更多以環保為訴求的產品及服務，還是趁機把身邊多餘的物資捐贈出去，我們可以在更詳細了解這些公益行為的後續發展與倡議單位的動機之後，再做出行動支持。

2023 年世界地球日選擇了「修復地球」為題，不僅關注在疫情過後如何減少人類對地球的影響，並可針對如何盡一己之力修復

已造成的傷害發展更多的創新思維。

　　在推動此議題的同時，人人應注意的關鍵並非只是個人的行動，包括身為投資人時在選擇投資標的時，除了關注企業的財務指標外，還要針對企業在 ESG 面向的表現一併評估，就算今天企業並未上市，品牌理念也應具備社會責任，才能獲得消費者與企業內部同仁的支持和信任。

5.4

世界
糧食日

反思吃到飽餐飲的 ESG

　　從 1979 開始，聯合國糧食及農業組織（聯合國糧農組織，FAO）將 10 月 16 日定為世界糧食日，目的在於讓世界對發展糧食和農業的更為重視。早期組織著重在解決世界飢餓的問題上，尤其是開發中國家的缺糧與生產技術等議題。然而由於台灣社會早已相對富足，使更多人轉向關注剩食與餐飲過度浪費等問題面向。其中，過剩的食物與餐飲製作的 ESG 議題，也因為跟碳排放有關而受到高度重視。

　　所謂的碳排放，指的是人類活動所釋放出的二氧化碳和其他溫室氣體，造成全球氣候暖化，除了影響氣候，還影響了水資源和生物多樣性等等環境問題；因此減少全球整體的碳排放量，也就成了各國的重要責任。台灣的經濟發展高度倚賴國際貿易，從政府到企業做出減少碳排放量的對應行動，也就成了不可避免的重責大任。以零售及餐飲業來說，從減少食品長途運輸所需的能源，或優先選擇使用在地的農畜牧產品，都能降低碳排放；另外，食物的包裝減量、季節性的蔬果使用，以及減少餐飲製作的食材浪費與消費者剩食問題，都是可以納入 ESG 運作的關注範圍。

　　以行政院環保署統計，2012 年至 2021 年近 10 年間的廚餘數量，台灣平均每年扔掉了近 62 萬噸的食物，經粗略統計，等於每年每人平均製造了 26 公斤的廚餘量。其中包含了天災造成損害、農產品過盛的去化、通路及餐飲業未能販售而逾期的食物，以及家中料理剩餘未完食等原因。還有一部分則是因為人為刻意造成，就像我們享用吃到飽型態的 buffet 餐飲時，在業者供餐需求，而消費者過度拿取及不合口味所造成的剩食。

事實上，近年來不少吃到飽型態的餐飲業者，在品牌端已開始為落實 ESG，針對剩食議題有一定的作為，像是運用整日的分時段供餐、預先訂位以掌握來客人數，並按節慶淡旺季等，依據大數據來調整備餐狀況，同時掌握食材的採購及現場製作的即時調整。但是對消費者來說，到吃到飽型態的餐廳用餐時，基本上常碰到以下五個問題：

一、為了吃回本而刻意拿取超出常態飲食的餐飲內容。
二、在想嘗鮮的期待心理下仍遇到食物不合口味。
三、刻意過量拿取自己不食用的餐飲內容只為了拍照打卡。
四、因餐廳供餐方式的問題而導致剩食。
五、餐飲品質與消費者期待有一定落差而造成無法完食。

讓消費者自動自發

由於少子化及市場缺工的情況下，年輕人對從事餐飲內場的興趣降低，以吃到飽為型態經營的餐飲業者，就 ESG 的角度而言，如何在同時面臨上述五個問題下因應考量服務，實在不是件容易的事。因其中前三項問題而造成剩食的消費者，一個程度已可歸類為「奧客」等級，若業者還希望服務人員對客戶主動提醒勸導，更可能因此引發現場衝突或客訴。尤其若遇到素質較低落的消費者，還可能做出對品牌不利的行為，如此不但造成餐飲服務人員離職率高，也可能因事件鬧大而使更多人減低從事餐飲服務工作的意願。

這時業者可以從與消費者約定訂餐與用餐的規範著手。像在客戶結帳時確認顧客正常完食或僅在許可範圍內少量剩食，便給予獎勵的機制來鼓勵消費者減少剩食。若發現消費者刻意浪費，可在結

帳時向消費者確認是否有其他原因導致剩食，再依剩食重量提醒消費者避免浪費食物，甚至在多次重複發生時思考是否取消其訂餐資格。之前甚至有案例顯示有業者對消費者過度剩食施以罰則，但卻導致消費者藉故上廁所丟棄剩食、甚至刻意催吐，反而造成餐廳在清潔及剩食再利用上的困難。

至於第四、五項的問題，可以利用線上點餐的科技協助，或是從供餐品質著手，都能降低問題的發生率。當消費者並非刻意造成剩食，而是因餐廳補餐速度太慢而導致在限時內來不及吃完，或者是業者為降低成本調整料理方式影響到餐點水準時，這時消費者的剩食便可能是一個重要警訊！如果問題是因當下有突發狀況，適度允許消費者外帶已拿取的剩食能解決部分浪費，但也可能導致消費者養成投機心態，未來可能再故技重施，將問題歸咎於餐廳業者，這時反而會造成營運成本的增加。

用創新思維解決問題

因此，從創新的角度思考，我建議業者可以嘗試更新餐點的供應方式，像是事先將菜色分裝成小份量提供，在出餐的過程中觀察取用該餐點的客戶反應，若有多桌都出現嚴重剩食的情況，就得適當調整餐點的內容。另外像是有餐廳因主菜提供的牛排料理品質不理想，就可能造成消費者當下普遍出現大量剩食的現象，透過逐桌主動確認及更換也能降低後續食物浪費的可能。

市場上吃到飽的餐飲型態，包含了火鍋、燒肉、點單上菜、自助取餐及其他，價位更是從 3～400 元到 4000 元以上，因此面對消費者的剩食行為，還是必須有不同的應對方式。當然，把剩食的

責任重擔全都歸咎於業者身上並不公平，有一定比例的浪費是由於消費者的心態不當所造成，但是要教育消費者卻是更加困難的事，至少餐廳業者能在一定程度上透過適當的方式提醒消費者，便能控制剩食的結果。

至於若是未來吃到飽的餐飲型態價格持續攀升，消費者可能還需要蠻長的一段時間慢慢從價位上區分餐廳的素質；畢竟當消費者真的花了 2～3000 元吃到飽，吃的都是高檔的龍蝦與牛排肉，能吃完的機會總是會高一些；與消費者只花了幾百塊錢，想每種食物都嘗鮮吃個幾口的心態不同，平價吃到飽的業者勢必得在廚餘的後續循環處理上，多花一些心力了。

醜食其實也可以美味

聯合國糧食及農業組織（UNFAO）的調查發現，大約世界上 14% 的農產品因為外觀不夠漂亮，外觀具有缺陷，也就是我們說的「醜食」，在出售前就被棄置，滯留產地，也可能在供應鏈中被移除，無法進入末端零售通路或加工過程。而醜食的評斷標準其實很主觀，例如顏色不夠漂亮的玉米、外觀造型奇形怪狀的地瓜、甚至是因無農藥而果皮表面出現蟲跡的水梨。

其實若是以食物的營養成分與食用價值來看，醜食完全沒有問題，只要消費者願意接受，也能以較划算的價格取得，降低糧食浪費。其實國內的超市也會不定期針對醜食進行促銷，國外也有改善消費者認知的醜食公益計劃，教育大眾並溝通對醜食的主觀認知，摒除對蔬果外型的執念，接受營養成分同樣滿點的天然食物。

通常消費者會在意的醜食，大致包含外觀尺寸太大、太小、扭

曲、顏色特殊、疤痕斑點及其他瑕疵。當然我們也得事先釐清,當消費者購買水果生鮮的目的是要送禮及招待客人,或針對蔬果進口商業貿易須符合不同國家對鮮果分級的相關需求時,仍難免得依照外觀進行分級。因此在食物清楚的等級分類下,有適當的品牌行銷與定價策略,是非常重要的前提條件。

可能拯救醜食的環節

醜食主要可能在兩個階段被浪費掉,第一個是在產地。由於生鮮蔬果的外觀尺寸不符合採購標準,明明一樣可食且營養成分相同的食材卻有一定比例無法上架銷售,甚至遭到棄置;也有因生產過剩沒有利潤而造成食物被就地掩埋或丟棄的情形。這時若有更多善用醜食的去化做法,也能在生產過剩時有更好的應對策略。

第二個則是農貿市場,其商業模式也是影響醜食再利用的重要原因,畢竟對於採購的中間商來說,具一致性的標準化食材,更容易賣出好價格獲利,因此汰除不合標準的醜食是必要的流程。這時我們更要設法鼓勵末端採購者經由農貿市場收購醜食,不論是用在後續加工銷售,或是有意願訴求醜食價值的餐飲零售業者,賦予醜食更多的商機。

而從另一個層面來說,食農教育對於消費者的影響更要從小做起。會對奇形怪狀的蔬果顯現出嫌棄厭惡的通常是大人,也因此,在菜市場經常能聽到攤販說:不漂亮所以便宜賣,或攤商接受消費者以外觀為由殺價;甚至是家裡長輩也會說:水果漂亮所以珍貴,從小灌輸孩子這樣的觀念。

消費者的考量

　　回歸人性，既然食品形狀會影響消費者的購買意願，若改以醜食的獨特性著手，應用其特殊性找到賣點，例如將特別小的蘋果塑造出可愛的形象，並針對胃口較小的消費者設計合適的文案；或是將形狀特殊的胡蘿蔔結合擬人化的外包裝，並賦與有趣的故事吸引消費者，都能提升醜食的價值。

　　另外，針對接近保質期或運輸過程受損的醜食，除了折價優惠外，也可以與零售端合作，在可食範圍內加工成像是水果拼盤，或將蔬菜肉類提供與鄰近的餐廳合作做成餐盒，提供給重視食材營養安全、有意願購買的消費者，讓醜食的價值物盡其用。

　　對消費者來說，消費行為存在著理性與感性的考量，價格優惠是大眾選擇醜食重要的理性因素，然而若消費者是受到我們賦予醜食的價值與故事吸引，則是感性的被行銷打動。所以唯有當社會大眾看待醜食的角度更為正面時，我們的行銷溝通也才更有機會被消費者接受。當家長購買醜食受到接受食農教育的小朋友肯定時，就會形成善循環。同樣地，訴求使用醜食料理的餐廳業者理念受到品牌的支持者的肯定且願意持續支持時，這樣的商業模式也才能夠持續的維持下去。

創意溝通醜食感性價值

　　我認為「從眾行為」與「月暈效應」，是幫助醜食的兩大溝通應用方式。因此，優先採取創新的方式，引發消費者對醜食的興趣與關注，從系統性的計畫塑造醜食的正面形象著手。當消費者因好

奇心採購醜食，並從中收穫並得到認同的同時，就能逐漸影響包含產地、農貿市場、零售通路及餐飲業者，因此，也能讓醜食議題獲得更多關注。

　　既然社會大眾一定程度受到 KOL、網紅及明星的影響，推動這些人更普遍的食用並開箱醜食，就是一個影響消費者認知的好法子。例如邀請明星到產地享用造型特殊的醜水果，證明風味和口感都很不錯；或是請料理型 KOL 應用醜食烹調創意料理，再跟通路合作開放消費者直接試吃，都能達到影響消費者未來決策的購買意願。至少當我自己看到造型特殊的醜食時，有機會總會想買來料理品嘗，鮮果奇形怪狀的造型不但有趣到讓我想分享，而且還為自己充分利用食材價值將營養美味充分發揮，避免了地球資源的浪費，內心激動了起來！

5.5

二手與綠色商機

創新好商機 05

二手商品市場的崛起

「你的舊愛、我的新歡」——從古至今,當我們有喜歡的珠寶藝術品、古玩字畫及高價玩具,卻已被其他人收藏時,這時我們只能懇請對方割愛,或是等到哪天這些珍藏上了拍賣會,再透過競標的方式獲得。時至今日,因為環保意識的抬頭、消費者對於二手商品的接受度也逐漸提高,同時有特定商品在市場中一直屬於奇貨可居的狀態,因此,國內的二手市場的發展可說是精采可期。

像是過農曆年時,不少人經由年終整理出家中的閒置物品,願意將用不到的資源重新釋出、轉化價值,同時有更多買家也想用較低的價格買到喜歡且堪用的商品,至於原本就保值的高價品二手市場,更因賣家的惜售心態,仍持續成長。不論是衣櫃滿滿穿不到的衣服,或是用 30 年都用不完的全新餐具,那些已經沒那麼喜歡、家裡又沒處放的收藏品,未來具有很大的發展潛力。

包含汽車、房屋及奢侈品等商品,普遍來說使用時效都很長,同時有不少愛好者希望自己能總是使用最新款的商品,出脫手上原有的收藏正好滿足了偏好經典復古藏家的喜好,形成了交易循環。另外像是服飾、手機、電器這些消費用品,因為平均使用的時間遠低於自己的預期,再加上產品的設計使用壽命更長,便造就出除了收藏品外的另一個巨大商機。

早進入市場不一定能維持優勢

早年跨足這個市場的電商像是 Yahoo 奇摩拍賣,自 2001 成立後就打開了消費者的視野,那句廣告詞「什麼都買、什麼都賣,

什麼都不奇怪」，更是促成了許多人在平台上找到自己喜歡的二手商品，也能將用不到閒置的物件透過平台找到新的主人，且還能獲得一些收益。2006 年底，e-Bay 和 PChome 合併成立的露天拍賣，則是將更多不同的二手商品分類，以初期不向買家收費和用戶友好的機制導入，快速獲得了大量的賣家青睞。

然而在線上引起一陣交易風潮之後，商品瑕疵、詐騙事件頻傳，同時早期須先由買家匯款，賣家收到款項後才出貨，中間所發生的不便和爭議，又使電商拍賣市場的活絡稍微趨緩。近年再次復興二手商品電商市場的，則是 2015 年正式在國內上線的蝦皮拍賣，不但有第三方支付的金流保障外，免運費、貨到付款以及賣家上架更容易的便利性，也使得消費者使用電商平台更為放心，尤其是能避免在 C2C（Consumer-to-consumer）的交易模式中，買方跟賣方所可能產生的不信任問題。

緊接著市場上包含旋轉拍賣、FB 拍賣交易型社團等其他平台的陸續上線，也使消費者有了更多方便的選擇，更多專營二手商品的商店和創業者，有了更容易獲利的交易方式。而這時不論是製造產品的企業，還是做為交易平台的業者，或是購買二手商品的消費者，都進入了 ESG 與綠色行銷的一環。

商品的缺乏和過剩

我算是從 2001 年就開始網購的第一代消費者，當時的商品仍屬供不應求的階段，像是經典的二手車、骨董留聲機，或是限量的高價手錶及玩具，在消費市場中都是奇貨可居、可遇而不可求。直到現在我們仍可發現，不少稀有的商品，賣家一上架就出現「秒

殺」。有趣的是，這類型商品因其具有價值，所以仍然以「競標」的方式交易，直到拍賣時間結束前，人人都有出價爭取入手的機會，甚至最終的成交價還可能遠遠超越商品當初的市場定價。

至於一般性的民生商品及消耗品，就沒有這麼好的行情。現行售價只有原價十分之一的二手衣服、現值低於原價三折的二手家電，或是儘管沒用過卻稍有瑕疵、只能低價賣出的生活用品，多半都是憑藉著價格優勢，成為購買者入手的原因。直到現在，我仍相信實際進入二手拍賣市場的物資依然是少數，許多別人眼中的寶正閒置在你我家中的角落。

還有，市場上的賣家之中也有不少是公益團體，透過收集物資幫助特定的公益對象，為眾人善心捐贈的二手物資找到更好的利用價值。

比如像中華民國癌病腫瘤患者扶助協會、伊甸基金會、安德烈慈善協會（食物銀行）、iGoods 愛物資等。甚至有的單位還會前往捐贈者家中收件，在二手物資統一經過清潔消毒處理，並檢驗確認可持續使用後上架，讓二手物資能更妥善的獲得利用。

糾紛仍然層出不窮

然而，二手市場最大的問題，還是在交易雙方的認知落差上。就算今天消費者是在實體的跳蚤市場中購買，也很難在短時間內完整確認所購買的東西是否有問題。

由於二手商品本身的特性，無法標準化衡量包含品質、外觀、使用持續性等問題，況且資訊不對等，很多商品都只此一件，是無法換貨的。也因此，消費者多半寧可購買本身有品牌的二手商品，

但仍然需小心其他的問題。

像是有不肖業者拿殘次品假裝是正常品、用仿冒品當正櫃品賣、虛報高價讓購買者付出超過合理的市場價格、欺詐，甚至惡意調換商品等問題層出不窮，尤其是少數專門以二手販售為主的專賣店，更是因擁有較充分的商品專業知識，而蓄意誘使消費者上當；也有專門哄抬二手品的「托」，與賣家共同炒作售價，使購買者蒙受損失。以上這些情況都是導致消費者不願支持二手市場的可能原因。

然而，消費者本身的交易行為，有時也是造成糾紛的原因之一。例如在跳蚤市場常有專業買家，用不合理的殺價來強迫賣家交易，或是線上交易後故意不取貨，導致賣家蒙受運費和其他損失，甚至還有買到商品後刻意挑毛病要求退貨賠錢，不從則公諸於爆料社團，以至賣家心生恐懼被迫妥協者。這也讓有心推動二手市場經濟的業者得花上更多的時間精力，來避免惡質的消費者行為造成損失。

近年來國內的實體二手市集越來興盛，電商交易金額也是屢創新高，但是不論平台、賣家及買家，以現有的市場機制和法律規範，仍有不少成長空間。如何讓二手市場的交易更有保障，才是讓這樣兼具環保及具有社會價值的 ESG 市場，能夠持續蓬勃發展的關鍵。

年終大掃除 ESG 是消費者的選擇因素嗎？

國內越來越多企業希望搭上 ESG（環境保護 Environmental、社會責任 Social 以及公司治理 governance）的風潮，讓消費者

創新好商機 05

認為在購買產品之餘，也能為環保盡一份力。其中華人過農曆春節前的年末大掃除，所使用的大量清潔用品也是我們常要面對的課題。不論是為了支持環保選擇天然成分的清潔劑能否達到預期的效果，或是因此需付出更高的價格購買，都是消費者所需考量的因素之一。

快速流通消費品（Fast Moving Consumer Goods）的界定，包含個人或家庭的清潔用品及化妝品等領域，因為產品使用的週期較短，因此出現較為頻繁的購買週期。

以民生消費品來說，像是洗髮精、沐浴乳、潤髮乳、牙膏等。因此訴求 ESG 的快消品，大致會從原料的來源更為天然、生產過程時降低能源的浪費、包裝材料的後續循環利用、選擇環保回收的材質，以及產品本身的使用效能提升等重點切入。

遇到農曆年前大掃除時，包含廚房、浴室廁所跟門窗清潔、地板刷洗等都是重點區域，所以廚房清潔噴劑（可溶解抽油煙機油汙）、浴廁清潔劑（黃垢水垢剋星）、防蟎抗菌噴霧（沙發等布製品的殺菌清潔）、芬多精地板清潔劑（可用於玻璃、地板的清潔以及廁所、寵物消臭用途），以及洗碗洗衣精、無毒驅趕蟑螂的木酢丸，都是必須用到的清潔用品。

理念和務實性

對於像是身障公益社會企業、庇護工廠等單位，成立宗旨就是為了解決社會問題，所以不論是開店、做麵包還是製作禮盒販售，原本就是為了重視社會責任而營運，但站在消費者的角度畢竟還是得要評估，究竟是東西好吃重要還是公益理念重要，這件事情非常

現實。但若是像洗髮精、清潔用品等快消品，在清潔功效符合消費者要求的前提下，消費者不但越來越重視品牌的社會責任，也更加關注品牌的公益行動了。

消費者對於環境問題的認知程度，以及保護環境的方式、應如何行動，都隨著 ESG 的議題益發受到關注，但企業如何兼顧環保與經濟目標之間取得平衡，持續吸引消費者上門購買支持，則是這些快消品牌公司的長期功課。

雖然消費者對天然成分的產品偏好度逐漸提高，根據以往的經驗，訴求 ESG 的快銷品常使部分消費者擔心，是否在天然環保的理念下產品無法達到理想的清潔效果，但隨著產品製造技術進步，現有產品的清潔效果已能在特定情況下滿足多數人的需求。

像是有的品牌採用原本製造他品製程中的副產品，經回收加工後變成了可再次利用的新產品；或是購買時經通路協助，提升了盛裝容器的重複利用機會。例如木酢達人的木酢原液即是透過天然樹木在製炭的過程中，所產生之水煙收集冷凝，再經過半年以上的時間自然沈澱、過濾、蒸餾，透過一系列程序萃取所得。

清潔用品的 ESG 問題之一常在於產品使用後的汙染預防。有時，清潔力越高的產品在使用之後所產生的髒汙，未經特殊處理排放後仍可能成為新的環境問題。

另外，消費者對 ESG 產品通常帶有主觀印象，當品牌的行銷溝通與自然、環保、公益的元素連結時，願意支持理念的消費者更可能產生關注，但實際要達成消費者滿意，仍須回歸到商品的使用滿意度。

當產品的綠色供應鏈中上下游成員的緊密協作，針對環境議題各自發揮，兼顧實現經濟效益與社會環境議題的同時，快消品牌的

ESG 就更能與消費者需求接軌。

　　當我們因認同品牌理念購買，事後卻發現品牌有造假爭議時，會更為生氣，甚至態度從討厭轉變為黑粉。因此，只有回歸產品本身的效果才是首要任務，畢竟購買清潔用品為的就是望其發揮功效，最好能同時以 ESG 的正面意義加分，也給了消費者重複購買的支持動力。

06
數 位
新 應 用

新型態的數位溝通更為創新,對年輕的消費者也更富有吸引力;但是不論是合作網紅的選擇還是短影音的應用,都必須要謹慎評估。

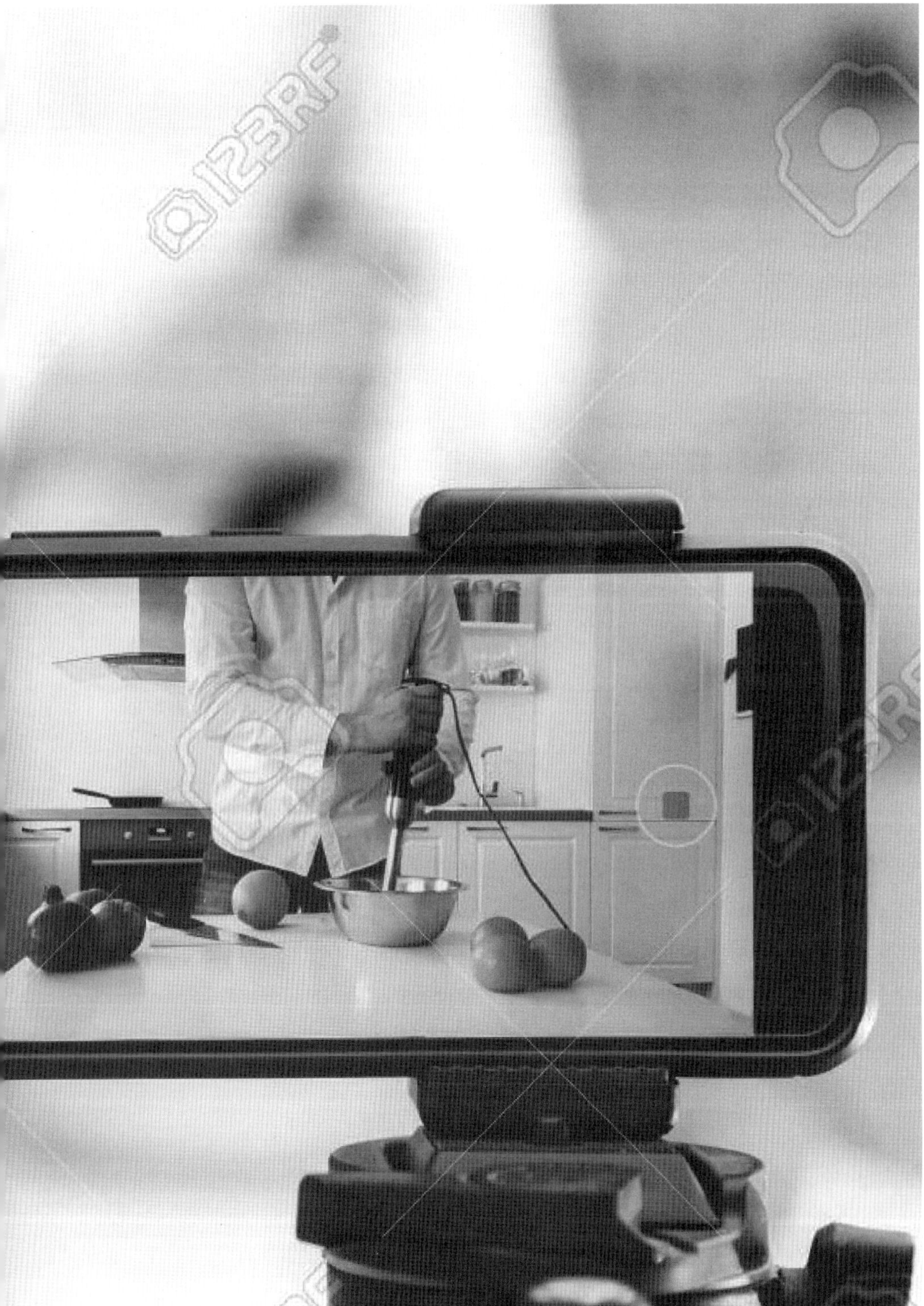

6.1

網紅
經濟

網紅經濟的機會與與挑戰

消費者經知名藝人及網紅推薦而選購新產品，這在現今這個數位時代早就不是新鮮事，但是光一則 IG 貼文就能達到千萬元收益的 KOL（Key Opinion Leader）則是鳳毛麟角。大多數網紅會在社交媒體上運用自己的影響力，幫企業主達成產品介紹、使用過程分享或提供優惠內容等，其對象則是粉絲、支持者與對產品有需求的消費者。根據台灣數位媒體應用暨行銷協會（DMA）最新統計，去年台灣與網紅有關的收入約 100 億元，媒體預估網紅經濟 2023 年全球網紅經濟將達到 6,500 億元產值規模，往前推每年約 30％複合快速成長。

網紅可以是老師教授、醫生護士、知名作家、演員明星或部落客、YouTuber，因網路媒體的特性、不同領域用戶各自擁有的專長與閱聽眾偏好，造就了不同的類型的網紅，也依據社經地位和粉絲人數，產生了網紅的經營方向與等級。因此像是近年來一些專家學者，也因為趨勢踏入了網紅的領域，可能透過專業的文章或是有趣的廣播節目，讓閱聽眾能更容易地認識相關專業知識，這時若適當地加入了品牌合作，不但有機會滿足閱聽眾的消費需求，也增加了知識型網紅的商業效益。

我將網紅經營的內容類型，大致分為美妝時尚、穿搭教學、美食推薦、料理操作、親子育兒、旅遊觀光、動漫與電影解析、玩具收藏與開箱、3C 科技分析、遊戲實況、寵物毛孩、娛樂表演、戲劇短片、電商銷售、政治評論、知識分享、專家分析等。不過很多網紅會再多個內容經營，或是以主／副頻道的方式來區分。

```
網紅經營
   的
內容類型
├─ 美妝時尚
├─ 穿搭教學
├─ 美食推薦
├─ 料理創作
├─ 親子育兒
├─ 旅遊觀光
├─ 動漫與電影解析
├─ 玩具收藏與開箱
├─ 3C 科技分析
├─ 遊戲實況
├─ 寵物主角
├─ 娛樂表演
├─ 戲劇短片
├─ 電商銷售
├─ 政治評論
├─ 知識分享
└─ 專家分析
```

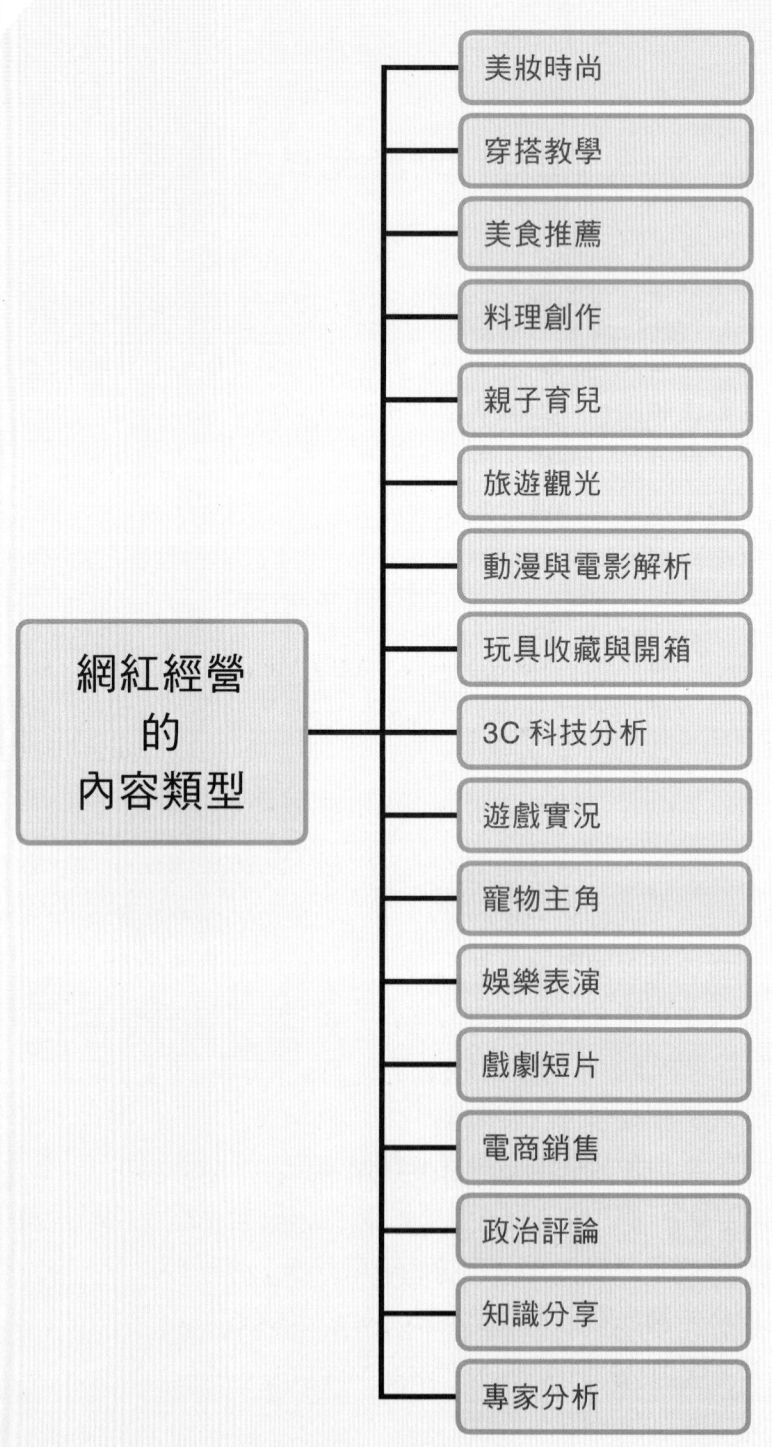

品牌合作的需求

同時在社交媒體的搜尋功能已逐漸取代一般搜索引擎之下，包含 IG、小紅書等 App 都能有效提供資訊給消費者參考，因此當品牌希望透過社群媒體與大眾溝通時，擁有一定粉絲數與話語權的網紅，也擁有了更多的發揮空間。像是流行服飾、背包、飾品及襪子這類商品，因為消費者有一定程度的常態需求，也常常在尋找可以學習或示範的對象，這時 KOL 的外顯性與差異化，就能幫助品牌與消費者建立連結；同時在短影音及直播帶貨的操作下，消費者更容易完成購買的流程。

但有的品牌因專業性與考量既有品牌支持者下，在選擇網紅針對特定議題合作時，會有許多顧慮，也因為日前曾發生像是 #METOO 事件，導致更多企業主會進一步去評估網紅行銷這把兩面刃。不過，從正面角度來說，因為 KOL 的範圍很廣，可以選擇的合作對象也很多元，更重要的是當品牌真的面臨自己打動不了目標消費者但特定的 KOL 卻可以時，那這樣的合作就是相當不錯的選擇。

營運模式和收入

許多品牌都在尋找受歡迎及更具魅力的 KOL，網紅與品牌合作的收入可分為固定支付費用、銷售比例分潤，但更多的是初期合作的互惠交換。例如 YouTube 上的創作者，可以透過合作夥伴計劃將影片貨幣化獲得利潤，也可以直接找與贊助商合作，透過使用品牌方的產品，置入拍攝畫面，甚至一起編寫劇本與設計故事情

節。

　　企業與網紅合作業務配合（業配）指的是網紅利用自身的知名度與廠商合作，並在創作的文章、圖片、影音或其他呈現形式中，透過置入品牌相關之內容分享給粉絲與消費大眾，其曝光平台主要在各種社群媒體，但品牌也可以在授權範圍內在自行應用。業配的報價方式像是 Instagram 貼文一則多少錢、影片製作及置入一則多少錢，以及配套專案的整筆費用。銷售分潤則是根據業主提供的專屬銷售連結或推薦代碼，追蹤網紅的銷售成績，再依照雙方事前溝通好的分潤百分比進行結算收費。

　　出色的網紅靠著在社群經營吸引大量粉絲，甚至透過變現機制從接業配到自創品牌成立公司變身經營者，或與大型企業合作推出聯名商品。例如擁有超高人氣的 VTuber「鯊鯊」Gawr Gura 立體化成為實用的一卡通，重現了 Gura 睡得香甜的可愛模樣，蓋上生魚片小被被變成「鯊西米」，有鮭魚、蝦蝦、鮪魚、玉子燒四種造型可供粉絲挑選，小小的手收還拉著被被，小細節可愛到不行，更是萌翻蝦眾讓人想收藏。

　　在理想的情況下，選擇合適的網紅合作能引發特定社群內的話題，像是邀請網紅參加玩具新品的發布會，若選擇有一定收藏資歷且具知名度的 KOL 時，對活動本身的質量不但能帶來加分，在發布正面評論文章或影片的同時，還能帶動其他玩具消費者的購買機會。但同樣地，若邀請的是當紅卻未涉略玩具領域的網紅時，也可能引發玩家的反彈聲浪。

　　當網紅本身具備專業知識與合適形象時，能提升業配的可信度，同時有業配機會的網紅，也有機會藉由影片或貼文的讚數來牽動自身的聲量，甚至讓消費者進而願意觀看網紅的其他創作。另

外,也有網紅看似擁有大量粉絲,但其實真正活躍的支持者並不多,甚至是專業能力與自媒體內容的表現每況愈下,這時即便品牌方投入資源,也不容易達到預期效益。

網紅的推薦與帶貨能力失靈了嗎?

以往因為社群興起的流量紅利,不少小眾關注的議題,正處於蠻荒的生長時期,所以只要有人能出來帶話題、衝關注,就有機會獲得同樣感興趣的消費者目光,而網紅與 KOL 也藉由自身的光環,藉此出圈成為廠商與業者的新寵兒,期望透過這些人的個人光環,帶動整體銷售業績。也因此 KOL 所使用的產品,從服飾、美妝品、餐飲到日常生活用品,對粉絲都具有一定的影響力,當網紅分享穿搭相關的貼文時,能為品牌帶來消費者關注的機會,即便是日常的分享,有時也能引發詢問品牌的相關留言。

然而也因為每個網紅不同的社群屬性,追蹤的參與者也會有不同在意的話題偏好,就像喜歡動漫收藏的族群,有人關注的是影視作品的討論,有人在意公仔玩具的收藏,也有的則是偏好 cosplay 的參與體驗。但是當網紅並非這個群體的深度參與者,只是為了業配帶貨或是銷售代言產品時,即便剛開始能引導部分話題的討論方向,能成功創造幾波群眾的關注熱度,但實際上未能真正持續與社群成員互動時,就很容易喪失原本的關注光環。有時這對網紅來說,這也是無可奈何的事實。

相較之下,所謂的 KOL,有不少人本身就是在特定領域中擁有高度學識表現的人,像是營養師、醫師、大學行銷課程教授或是公協會理事長,其背後本就具備一定的社群專業基礎。但同樣的,

網紅所具備的優勢，像是親民有趣的表演內容、活潑搞笑的互動方式，甚至是可以配合廠商各種產品創意的展示呈現方式，也都是專業型 KOL 比較難發揮的。

回歸網紅的自身品牌限制

企業品牌與網紅的業配合作，無不希望藉由其知名度與影響力，在一定程度上為品牌帶來業績，但這一點回歸到現在數位環境的改變，網紅的光環越來越不容易維持，也導致了原本業配帶貨的效益降低。即便網紅的本身形象沒有出現巨大的問題，但是當更多同質性的網紅出現時，也就分散了消費者的注意力。

至於有些行銷交易平台，運用「微網紅」或是「奈米網紅」來帶貨及推薦，其實操作面上沒有對錯，只是就現實層面來說，一來這些人是否真的具備網紅的光環，或是專業 KOL 的高度，其實並不見得；二來則是當發文沒有內容去支撐時，其實充其量也只能說，這些「微網紅」或是「奈米網紅」就是另類的業務或是抽成的微商。這也就是為什麼，有一定知名度的網紅必須持續創作，KOL 也必須有相當程度的專業內容使大眾持續認識，因為這才是支撐個人品牌知名度的核心。

網紅的知名度達到一定程度後，也會開始自創品牌，像是大胃王 YouTuber 千千的「水哦千拌麵」、YouTuber「韓勾ㄟ金針菇」的「金家ㄟ」，另外像是 Joeman、滴妹也都有跟超商聯名的商品。根據 2023 年媒體統計，台灣前 50 大 YouTuber 中，有 23 位 YouTuber 有聯名商品，聯名商品較常見的是「食品品牌」和「時尚品牌」，其中食品品牌約佔 4 成。

創新好商機 06

　　此時，對網紅來說，推薦與帶貨的主體就不再是為人作嫁，而是個人品牌的產品延伸，跟通路合作可以降低銷售風險，而找到合適的生產廠商也可以避免產品品質出問題。只是這樣的網紅個人商品，就得直接面對市場考驗，每當出現品質不如預期、價格太貴，或是口味不到水準時，也都會間接影響消費者對網紅推薦的支持。

　　近日台灣直播主陸續出現負面的爭議事件，《網路溫度計》透過《KEYPO大數據關鍵引擎》輿情分析系統調查，儘管正面聲量與負面聲量同樣逐年成長，數據顯示2024年「網紅」2字近3年網路好感度下跌超過4成，顯示台灣民眾對網紅印象由正轉負，呈現出整個社會對網紅抱持負評的現象。這也是網紅產業的隱憂，更影響了品牌的合作意願，以及正面經營的網紅未來發展。

網紅名店的中毒事件

　　這幾年越來越多的網紅名店突然爆紅，有的是經營已久的老店，有的則是新興創業的品牌，尤其是短影音的興起，那種1～2分鐘快速開箱的訪店型態，以及消費者嚐鮮的心態下，也都讓不少餐飲業找到了新商機。在網路上被消費者看到的，只是短影音中呈現的美好內容，尤其是付費業配的店家，更是重視網紅拍攝的內容是否為品牌刻意篩選呈現的部分。也因此這些開箱的網紅，自然不會強調暴露店家的缺點，畢竟沒必要跟錢過不去。

　　至於KOL則因其獨特性使粉絲賦予信任，透過KOL的推薦更能使消費者容易做出購買決策，但KOL的意見也必須具足夠的真實性，而且所發表的是否為業配還是自主分享，也應盡量明確告知。從近期接連發生網路爆紅的冰店及越南法國麵包店為數眾多的

食安中毒事件，接二連三的狀況發生，都可以從調查中發現，食材及環境管理不當造成的汙染，都可能是造成問題的原因。

　　會導致這樣的情況，顯見網路爆紅只是社群媒體的推波助瀾，其根本仍在不少業者對食品衛生及危機意識的輕忽。當店家默默無聞時，問題可能已經存在，但因為上門的人不多，所以沒有成為嚴重的社會事件。最近我造訪了數家原本也是網紅推薦的店面，除了發現現場因消費者人潮眾多，導致店裡的服務流程混亂外，更讓人感到擔憂的就是製程安全問題。尤其是夏天一些非高溫料理的餐飲型態，更可能導致問題發生。

受網紅吸引卻感到失望

　　只是當消費者看到更多表面上光鮮亮麗，其實在廚房、食材管理及人員清潔上都有所疏忽的店家時，常因月暈效應而忽略了問題。就像在店家尚未爆紅前，其實就已經發生過類似負評，以及為什麼店家一直未受到其他消費者喜愛，其背後多少都有隱憂。

　　當消費者特別造訪網紅推薦的店家後卻發現，目測就能發現料理過程不衛生或餐點有股異味時，卻仍安慰自己那麼多人吃了也都沒事，最終卻可能發生食物中毒的遺憾。因此，消費者造訪這些爆紅的名店時，除了親自審慎評估是否真的值得一訪外，也要留意實際看到狀況。至於收費宣傳的網紅及行銷公司也應堅守職業道德，是否值得推薦也得善盡把關的義務。

　　就像有的店家在備貨時將臨時進貨的食材與半成品存放在清潔條件不佳、甚至是消費者能觸及的位置；有的則是因為人力不足，內外場人員交互支援，但卻沒有做好手部的衛生管理。品牌的經營

終究有賴店家自身做好嚴格品管，而非因為爆紅人多就自亂陣腳，就可惜了知名度帶來的曝光。當本身仍有不少進步空間時，更應該積極改善，免得在爆紅後問題被放大檢視，將反而造成無法挽回的後果。

6.2

直播

雙十一時直播帶貨的魅力與風險

　　不知不覺中，這個為了商業而發展的節慶「雙十一」，已來到第十五個年頭，在對岸的兩大電商淘寶天貓與京東，分別在相關發布會上使用「回歸低價」，做為主要訴求，而新賽道中的抖音、小紅書及美腕旗下的李佳琦，均大量採取直播型態，透過預告邀請消費者在雙十一的時候，進入直播間搶低價商品。

　　事實上，各大購物型節慶採用直播帶貨的方式來吸引消費者，已經有相當的一段時日；但是當更多的電商與短影音平台都陸續投入這個戰場時，除了主播個人的魅力、形成資源與流量的競爭，直播間內的低價折扣也成了消費者關注的重點。以直播起家的三隻羊集團，更是達成了龐大的業績目標，也引發了更多人對直播帶貨的討論。台灣則有像是天后闆妹、丟丟妹等直播主，擁有可觀的流量與業績表現。

　　其實台灣的直播帶貨可說是更早於對岸，受到日韓電視購物頻道的影響，20年前就已開始這樣的直播銷售型態。我還記得當年自己在企業任職時，協助過不少次公司與電視購物的直播銷售專案，但是跟現今的新媒體直播相較，當年的直播現場顯得正經八百。反觀現在的直播帶貨不但可以透過消費者的即時留言互動打賞，更讓直播主有賣力表現的動力，讓整體直播的氛圍更為活絡。

　　近年來許多製造商品牌、實體賣家及電商平台，都透過線上直播的方式販售商品，同時包含表演的藝人、老師，甚至是專業領域的意見領袖，紛紛上線直播與觀眾互動，直接與消費者接觸不但更能透過打賞機制額外獲利，有趣的內容、生動的互動以及出人意料的表現，都讓越來越多消費者把看直播當作是一種娛樂，也是不少

人購物時的選擇管道。

例如大陸直播主鄭香香以 3 秒內介紹 1 種商品的「光速帶貨」風格爆紅，一身黑色合身旗袍，表情淡定介紹產品的溫柔語氣，在 3 天內吸粉超過 100 萬，更在 7 天創下了超過 1 億人民幣（約 4.4 億台幣）的驚人銷售額，俐落又快速的帶貨風格也受到許多觀看直播的觀眾喜愛。

直播主的培養

當我們在觀看直播時，無論是將其視為娛樂或購物，直播主所展演的行為事實，都是直播關鍵的一環，也就是「表演觀展」理論，在鏡頭前透過事先安排的橋段，不論直播主是展現親和魅力還是表現得極度誇張，在帶貨介紹商品時，不斷地加碼商品到最後喊出優惠，或即時利用群眾高亢的氛圍宣告完售，使即便沒有購買的消費者也身處在一種看熱鬧的情緒中，持續成為直播間流量的支持者之一。

其實，也因為近年來教育制度的改變，更多大學及就業課程都鼓勵學生能成為直播主，同時也有不少企業會自行嘗試直播，像是在夜市的攤販、工廠的生產線，或是專門代購商品的業者，也都在嘗試透過直播帶來業績。也因此讓直播帶貨的影音型態，除了面貌更為多元，也出現了良莠不齊的問題。

有不少以銷售或服務為導向的個人，會應用個人帳號或粉絲專頁開啟直播功能，分享自己的觀點和想法，除了可以提升與粉絲的互動外，也可以經由系統的打賞功能和導購方式，帶來額外的收益。

創新好商機 06

這同時也衍伸出現在的問題——當大型購物節慶,尤其像雙十一檔期,直播主的極端誇大的言行表現,以及為銷售而設定的低價,都可能對平台、商品廠商,甚至消費者,帶來正反兩面的影響。我自己就曾遇過輔導的廠商,因直播主在銷售時誇大產品特色,雖導致當下業績爆發式成長,但後續卻面臨高比例的退貨問題,也有因直播時對競爭者不當的言論攻擊,而引發後續的糾紛。

另外,在疫情之後,越來越多的消費者回歸實體經濟,雙十一的整體聲量和討論度,也較以往略減,即便是投入行銷資源的業者,也較過往更為謹慎,因此直播的帶貨的低價銷售和直播主展演方式,雖然仍為不少台灣業者採用,但品牌也必須謹慎思考,所合作的平台與直播主風格,對品牌價值會造成的影響。甚至是考量在大量的低價銷售之後,其他通路的產品銷售是否穩定,與後續消費者是否不會產生退貨,甚至願意回購,也是商品品牌業者必須一併評估的重點。

新型態的直播

還有部分中小企業採用「走播」的直播方式,隨著直播主行進於農田之中,或穿梭於忙碌的工廠生產線、囤積大量物品等待發貨的倉庫,透過實境的介紹讓消費者身歷其境,例如向觀眾展示肉乾的烘製過程,或是醬菜的醃製環境,更能傳達真實的感受,也增強了與消費者的互動與觀影的黏著度。

像是李佳琦「帶貨一哥」雙十一銷售額高達 250 億,以及明道直播 6 場撈 10 億台幣、單場吸睛 800 萬人,都可說是將直播帶貨的銷售模式發揮到了極致。直播的好處是消費者較不易受到時間

與距離的限制，只要有觀眾想看或是消費者想買，直播主隨時可以開播進行交易。另外也有像是日本新聞媒體 Livedoor News 使用 ChatGPT 等 AI 技術，打造虛擬角色新聞播報員「速見」和一位虛擬評論員「堀江愛」，並提供新聞直播服務「Livedoor News 24」，可以從撰稿、朗讀到直播全程自動化，24 小時不間斷的播報最新消息。

　　直播主與品牌商以合作的關係進行直播，在個人經營的頻道中介紹產品並且銷售，這類合作通常適用於直播主本身擁有龐大的粉絲數及流量，也有過多檔成功的銷售經驗。通常直播主能就銷售的成果進行利潤分紅，或是依照合約金額收取報酬，但實際獲利就得看達到銷售門檻以及雙方談定的合作條件。

　　對於沒有強大的個人品牌魅力的直播主來說，通常會進駐專門直播的平台或是電商，經由平台帶來的流量加持，並引流導購消費者進入直播間，由平台與品牌簽約合作，直播主聘僱於平台之下進行直播業務的三方合作型態。這時由平台提供商品及相關企劃的協助，讓直播主在影片中自由發揮並完成銷售任務，最後依照合約收取報酬或分潤。

推播與行銷計畫

　　然而直播最關鍵的還是需要消費者願意花時間觀看，如何在開始直播前就引發觀眾興趣，甚至願意等待直播並分享，直播的主題與內容以及創意行銷的手法都是不可或缺的。由於直播時需要強大的吸引力，例如現場開封產品做測評，或是生鮮產品即時料理及試吃，也有不少直播會以大量的「限時」折扣及「搶紅包」等方式祭

出優惠，使直播間熱度不墜，提升直播被推播觀看的機會。

　　尤其是預告階段所提供的訊息是否具有足夠的吸引力吸引消費者期待，至關重要！同樣是告知消費者直播賣海鮮，有的會預告全網最低價，有的則是預告有明星會站台，甚至是預告這次直播可能是唯一的一檔，都可能有不同的消費者因此被吸引而有所期待。另外開播前透過社群媒體的擴散，將預告內容與直播連結都推播出去，就更能營造直播時的熱度，以及觀眾的期待感。

　　目前透過網路直播的買賣方式，很重要的一項就是氛圍的炒作！有能力的直播主可以運用自身的獨特風格，在短時間之內快速吸引到觀眾與粉絲，在直播節目剛開始時，留住一開始就觀看的消費者十分重要，因此透過互動讓大家留言參加抽獎，或是隨機提問送出獎品及獎金，都是銷售導向直播的留客方式。當中的話術、內容企劃、情緒掌握，甚至是突發狀況，都是影響直播品質的關鍵，而直播主的控場能力與應變反應，也是觀看者是否支持的重要原因。

　　不少人認為直播時現場應該有很多人協助，但真正的現實是──初期多半只有直播主一人，不但要自己搞定設備操作、直播的主持與互動，甚至也會看到一些小店家老闆，同時還要兼顧實體的現場生意。直播主必需經過訓練，像是口條演練與互動對答，尤其在整個流量剛起步的時候，若是能迅速找到自己的風格與培養能力，後續當越來越多人觀看、購買商品時，也就更能上手。

6.3

短影音

粗暴好用的行銷新利器

　　人們依賴社群媒體的時間增加，其中有很大一部分原因是對短影音的觀看習慣，在這數十秒到幾分鐘之間，消費者可以看完一段精彩的動感熱舞、一條街七家餐廳的開箱，也可以快速了解一個城市或景區的重要特色、或是一季十件衣服的時尚穿搭。「碎片式」的內容可以是一頓飯的照片及剪影組成，也可以是特別針對一個主題發表感想，更常見的就是模仿 KOL 唱歌跳舞。

　　當觀看者與創作者的界線越加模糊，短影音的傳播就更為廣泛且容易，主要還是因為熟悉感與相近性，影片的製作者也通過分享和互動，與其他觀看者建立更多認同感和聯繫。即便只是很偏頗且快速的呈現，也會因為播放時間長短的差異，與社群平臺屬性不同而有觀看習慣的差異；但儘管影音長度短，卻還是能讓觀看者接收到重要的訊息。有趣的是，我們在觀看短影音的同時，不但是訊息的接收者，也可以是內容的創造者，容易上手的操作流程，使不少想展現自己觀點的人躍躍欲試，這時創作短影音就成了相對簡單的方式。

　　以國內民眾來說，常使用於收看短影音的社群平台，包含 Facebook（Reels）、Instagram（Reels）、YouTube（Shorts）、Tiktok、bilibili 及小紅書，尤其過去以長影音為主的社群平台，更是發現可以短影音的觀看量大幅度崛起。這也同時影響了許多人在閱讀資訊時，更偏好節奏快且切合自身興趣的內容，甚至對長影音或是長文章的閱讀，也顯得越來越沒興趣和耐性。

　　短影音內容較受歡迎的主題，包含美食、舞蹈、旅遊、幽默生活、爭議話題、民生時事與政治等。在觀看方式上，現在的短影音

多數以滿螢幕的方式呈現，秒數在 15 秒至 1 分鐘左右為主，再加上標籤的方式來提升相關主題的串聯。品牌方可以事先製作好精心設計的短影音上傳，而一般用戶則可以運用 APP 內建的濾鏡、音樂及轉場工具，增加影片的豐富度及完整性。

更多資源的投入

近期有不少 YouTuber 宣布停止更新，像是「這群人」、還有「阿神」……新聞報導數據顯示，台灣人不論使用 IG 還是 YouTube，短影音的觀看率，確實都已經高過其他影片，3 年前 YouTube 觀看數，只有 1 成多來自於短影音，但去年已經漲到了 57%，台灣用戶 Shorts 的觀看率，也已經超車長影音。我認為消費者的耐心愈來愈不足，所以如果是兩則相同內容的影片，當時間較短的影片就能充分傳達所要傳達的訊息內容時，對消費者來講，多半不會選擇花較長的時間去閱聽長影音。

也因此，對於品牌企業主或政府官員來說，不論是產品的推廣還是新店開幕，甚至是地方觀光的推動，短影音的應用也成了常見的行銷方式，除了會找團隊及 KOL 來製作專業的影片，更鼓勵一般的消費者及大眾共同參與創作並上傳。但這也出現了新的挑戰，因為當紅的議題有大量的關注度，但是對消費者來說，可能看到了太多類似的內容而容易感到疲乏，使最終結果上未能對投入金錢資源的品牌方帶來相對的效益。

2024 年 2 月，香港「喜劇之王」周星馳透過 IG 限時動態宣布，將要推出短劇與短影片平台合作，他站在白板前開始寫起「九五二七劇場」，寫完抬頭看著自己的字，而旁白同時說著：「今

天開始,九五二七就是你的終生代號。」加上中國風配樂,接下來就是宣傳海報。這也代表過去的電影及喜劇模式,可以透過短影音更快的擴散與創新的呈現不同的面貌。

品牌如何在短影音的內容上,提升消費者的自我歸屬感,並建立與品牌之間的連結,就成了短影音行銷達成效益的關鍵。因為必須先使消費者感到所觀看的影片不但有吸引力,甚至願意分享到特定的關係群體中,像是家人、同學同事,或興趣同好。之後更要能將品牌想傳達的元素精準的停留在消費者腦海,再藉由持續的短影音行銷,達到「記住—感興趣—偏好—行動」等四個步驟。

短影音行銷的兩面刃

近年來餐飲業的行銷操作,因為資源較早期經營時豐厚不少,像是透過電視廣告或是新聞議題的操作,來達到吸引客人的目的;而近年來短影音的運用,更成為了投入資源少但效益不錯的方式。而掌握「爆紅話題」更是業者們求之不得的流量密碼,像是社群媒體上大眾跟風的歌曲或舞蹈,或讓人垂涎三尺的美食開箱,也可能是極致奢華的頂級人生。

以近期來看,不少消費者正好在關注,像是「滑步舞」、「科目三」等這些結合表演性質的短影音,這類影片在人群中快速傳播,並且訊息具有一定的影響力。我過去整理過七種短影音爆紅的條件,包含:

一、愛恨情仇的議題

二、讓人感動的標題

三、挑逗性感的縮圖

四、群眾挑戰的行動

五、名人引導效應

六、知名品牌的加入

七、大量轉發分享的熱度維持

　　然而餐飲業運用短影音來進行行銷傳播時，較常見的做法是品牌請網紅或 KOL 開箱推薦，或邀請消費者挑戰大胃王及快吃等，但以模仿影片作為店內的表演，卻是比較少見的作法。其實原因在於，在社群媒體受歡迎的表演型態，場景轉換到實體店面中時是否仍能獲得共鳴，以及表演相關的動作音樂，是否符合版權規範，都

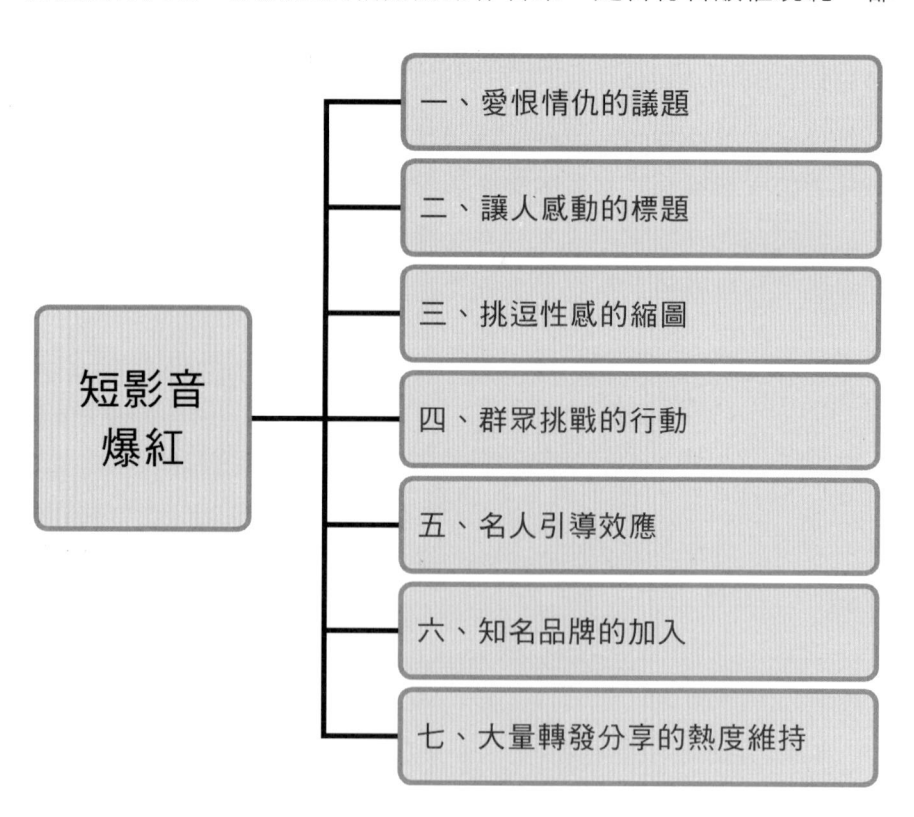

```
短影音爆紅
 ├─ 一、愛恨情仇的議題
 ├─ 二、讓人感動的標題
 ├─ 三、挑逗性感的縮圖
 ├─ 四、群眾挑戰的行動
 ├─ 五、名人引導效應
 ├─ 六、知名品牌的加入
 └─ 七、大量轉發分享的熱度維持
```

是需要詳加考慮的問題。

在還沒有社群媒體的時代，我們生日到餐廳過節慶祝時，要是店員們願意準備蛋糕，並為壽星唱生日快樂歌，便可說是店內服務表演的起點，進而逐漸演變出在上餐過程運用食材的製作過程，或是指定時段的特殊才藝表演，都成了消費者可能上門的原因。其中較具代表性的業者，包含王品集團、海底撈、HOOTERS及沾美西餐廳，都是消費者在社群及論壇上，經常提及的品牌。

不過考量到現場有各種不同的客群，用餐過程的表演雖然氣氛熱鬧，但是對社恐的壽星、沒有心理準備的被求婚對象，或其他桌的客人而言，儘管有人覺得是加分的趣味，但也可能令人感到困擾。就曾有人在餐廳求婚時，額外付費請店家準備求婚時的表演，並希望透過直播獲得親友祝福，但過程中被求婚的主角因為還不想結婚，反而讓現場直播的氣氛變得相當尷尬。

而另一個層面需考量的是，若是一般消費者因為聚餐用餐氣氛熱絡，臨時起意在餐廳表演，一旦製作成短影音內容上傳時，餐飲業者的應對政策也相當重要。對於品牌文化來說，不論是支持店員的自主創意，還是鼓勵消費者的熱情互動，或是堅持用餐過程應顧及其他顧客的感受保持安靜，都必須更長期與大眾溝通。畢竟在短影音行銷時，現場熱鬧的表現有機會帶來客流量，同時社群的話題也會對消費者產生引導效應，若能獲得正面的討論當然是理想結果，但面對負評時也必須得有足夠的智慧來因應。

微短劇的行銷新應用

微短劇是近年來在社群媒體上，經過改良後的新形態行銷方

式。以往不少愛情、古裝劇，或是「霸道總裁」系列、「穿越時空」系列、「復仇奪產」系列，一部劇動輒就要數十集、再加上每集也要 40 ～ 50 分鐘以上，即便再好看也越來越沒辦法吸引消費者一直追劇。之後因為出現不少講解型的精華影片，或是將本來每集的重點給切片式呈現，也就逐漸演化成微短劇的型態。

現在抖音短劇受到大眾注意，掌握了碎片化的娛樂方式，像是對岸總播放量破 10 億的《夜班日記》，豐富的題材及緊湊的劇情，也讓企業品牌投入更多資源，瑪氏箭牌選擇《夜班日記》進行植入合作，以約會場景帶出旗下益達每日皓白口香糖「嚼出閃亮笑容」的品牌含義，隨著男女主角越靠越近，品牌產品既讓劇情升溫，也加深用戶對笑容和益達的心智綁定。

但是微短劇的每集時長大約 1 ～ 2 分鐘，每部 60 ～ 100 集的高上片數量，真正的應用除了滿足本來愛看劇但沒耐心的消費者之外，更多的是應用為品牌廣告及導購和業配的工具。例如化妝品牌韓束運用短劇、短影音及直播的整合應用，推出定制化短劇《以成長來裝束》，同時引流「韓束官方旗艦店」，達到品牌自播銷量榜榜首，在抖音上月銷量獲得大幅度增長。

很多微短劇的內容並沒有完整的故事結構，為了在短時間創造觀看的次數與流量累積，幾乎每集都要有亮點，像是針對人性的衝突橋段，或是愛情的浪漫片段。當閱聽眾看到其中幾集時，很容易會被吸引，進而尋找前後內容觀看，甚至是看完了整部劇。像是中文在線的短劇應用程式 ReelShort 也推動了微短劇的熱潮，比如美劇版的霸總在海外受到歡迎。

以行銷應用為目的時，遊戲、電商等透過微短劇的廣告方式，迎合了現代人快節奏、碎片化的生活狀態。可能 2 ～ 3 分鐘一集，

並以高頻激烈的矛盾衝突及驚奇的劇情鋪陳，多個反轉的情感場景，帶出產品置入與消費者的情緒反應，達到原本微電影的故事行銷概念，卻又更能誘發閱聽眾購買產品、關注品牌的慾望。

另外，上汽大眾在抖音合作推出短劇，分別是《辣就是我》與《千金的大V生活》。短劇中大眾汽車都是職場大女主的愛車，幾乎每一集都會跟著主角出現在不同場景，當主角擺平職場宮鬥上車快意離去時，觀眾也能在情緒得到滿足的同時看到產品的置入與特色。

微短劇針對特定受眾，選擇合適的題材和表演方式，像是愛情浪漫、職場鬥爭、懸疑推理、動漫 cosplay 等類型，劇情和人設既要吸引消費者注意，也要巧妙融入品牌元素和產品特色。像是電商京東在快手平台的古裝短劇《東欄雪》的置入，以男女主逛「京東新百貨」的方式強化消費者的記憶。當品牌想強化置入目的時，可以透過劇情、人物、場景等元素呈現，同時搭配更能精準凸顯內容爆點的行銷策略，讓目標消費者的感受強化。

6.4

YouTube 頻道經營

06 創新好商機

在現今這個自媒體時代，有不少人希望透過經營 YouTube 頻道，讓自己的創作與品牌能夠更好的被看見，然而在經營 YouTube 頻道前就必須思考自己能提供給閱聽眾的是什麼，不管是創作哪種類型的內容，創作者一定要先瞭解自己能分享的內容能提供什麼價值。

在經營的目的上，如果是想透過分潤來變現，就要盡可能創作能提高點擊率與觀看次數的主題；若是想導流到自家網站並提升消費者購買率，那麼內容就要以提升目標觀眾的購買意願為主；如果目標是提升個人品牌與企業知名度，就需要創作具有自我風格的影片。

人們經營 YouTube 頻道的原因，大致上包含以下幾點：
一、好玩有興趣
二、記錄人生歲月點滴
三、建立個人／團隊品牌
四、想透過影片創作獲利
五、其他社群平台的輔助

一般來說，YouTube 演算法主要是依據「點閱率＋持續觀看時數＝被推薦機率」，當影片的點閱率越高或觀看總時數越高，出現在推薦版位的機率也就越大。系統將根據使用者搜尋過的關鍵字、觀看歷史紀錄以及訂閱頻道類型推測使用者的偏好，為用戶推薦內容相關性高的影片。

這時，設計能吸引人點擊的封面與標題，最能引起閱聽眾的好奇心，有機會提升影片的點閱率；也可以運用片尾畫面引導用戶的最後一步動作，包含提醒訂閱頻道、觀看近期的另一部影片，以及

觀看根據觀眾喜好自動推薦的影片。

使用 YouTube 頻道經營應塑造影片的品牌一致性，這其中包括了提示片頭、logo 設計與字型，透過影片資訊欄幫助觀眾掌握影片內容，進一步補充說明主題與段落，置入延伸內容或是其他社群平臺的連結；若影片為收費的產品推薦或合作案，也可以更清楚的說明相關資訊。上傳影片時可以選擇建立一個播放清單，將主題相關的影片集結在一起，讓觀眾能更容易的觀看感興趣的類似影片。另外，在頻道內的影片底下留言、主動按讚回覆也相當重要，除了能增加與目標受眾的互動機會，也能提升用戶訂閱及觀看其他影片的機會。

透過 YouTube 頻道的經營，可以讓更多人能看到品牌的創作內容，提供觀看者所期望獲得的價值，累積自己的品牌影響力，並創造收入獲利，延伸品牌效益。例如某頻道訂閱人數約在 6 萬 5 千人，觀看次數 270 萬，一年下來廣告費可賺 13 萬左右，從第五個月後每個月都有 1 萬元以上。其他的變現方式還包括像是業配、直播斗內（donate）超級留言收入、付費訂閱會員收入、YouTube Premium 分潤收入以及聯盟行銷等。

在影片的開頭、中間及結尾都可置入廣告，當有閱聽眾觀看廣告時，創作者就可以藉此獲得收益分潤。若是累積一定數量的忠誠粉絲，則可設置付費會員才能收看的專屬內容，像是會員獨享影片及特定互動功能使用。在直播影片的情況下也能開放抖內，粉絲可根據金額的不同來購買超級留言跟超級貼圖，用金錢支持創作者；非直播的影片則可透過超級感謝跟超級留言來贊助創作者。當影片的觀看數及觸及率都夠高時，會有品牌業者邀約創作者業配，透過置入產品或其他形式來增加廠商的品牌曝光。

在經營 YouTube 頻道時，大致包含以下流程：

壹、思考拍攝主題類型
　　一、開箱與測評型影片
　　二、競爭比較型影片
　　三、生活紀錄型影片
　　四、挑戰與鼓勵型影片
　　五、寵物相關主題型影片
　　六、專門特定內容型影片
　　七、品牌建立主題型影片

貳、練習拍攝與後製技巧

參、上傳與分類流程

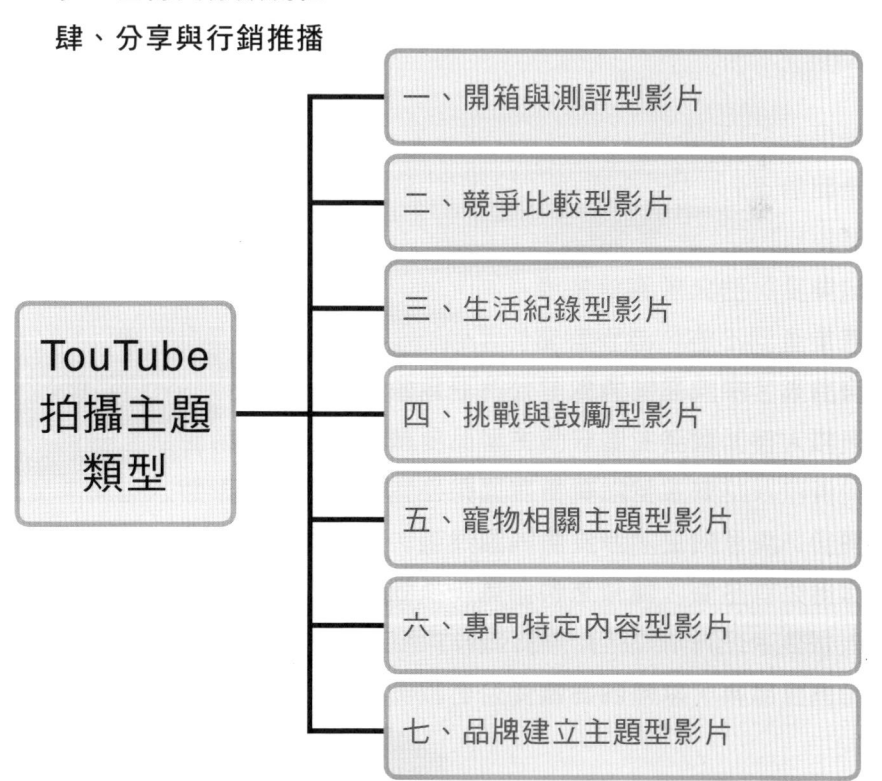

肆、分享與行銷推播

```
                  ┌─ 一、開箱與測評型影片
                  ├─ 二、競爭比較型影片
                  ├─ 三、生活紀錄型影片
TouTube 拍攝主題類型 ─┼─ 四、挑戰與鼓勵型影片
                  ├─ 五、寵物相關主題型影片
                  ├─ 六、專門特定內容型影片
                  └─ 七、品牌建立主題型影片
```

一、開箱與測評型影片

　　從產品包裝、產品外觀,以及初次使用的體驗都可以開箱,並且帶入影片創作者的情感;也可以針對改造前後進行比對,包含個人的妝容與造型、居家空間整理等。產品評測的創作者需要花費更長的時間來使用這項產品,以分析出產品的優劣,供觀眾參考判斷。這類型的影片常在消費者搜尋該產品品牌時吸引更多人觀看,甚至成為消費者是否購買的主要參考依據,因此可能吸引廠商贊助。也因此購物分享的主題若是針對多個通路推出的每季不同新品,甚至是跨國拍攝,都會是不錯的題材。

二、競爭比較型影片

　　這類型的影片主要是針對不同品牌的類似產品服務,訂定一個比較明確的主題,再依據價錢、功能、適用族群去做比較,進行完整地分析說明,讓閱聽眾感受之間的差異,也能使消費者因此瞭解更合適自己的產品及服務。創作者不論是推薦相同預算以內的最合適產品,或是展開昂貴與平價商品的對決,都是不錯的切入點,也能為影片塑造獨特的亮點。在影片中創作者需要能簡單扼要地說出比較重點,並且提出創作者個人的感受與心中排名。

三、生活紀錄型影片

　　創作者的影片從記錄生活日常切入,包含購物、旅遊,通常以一天為限,將重要的、值得分享的事情記錄下來,透過影片讓觀眾

了解創作者的生活點滴，使觀眾產生心理嚮往的投射，營造獨特的體驗氛圍。創作者常運用流行的音樂或舞蹈來進行表演及展現技巧，也可以分享自己的購物戰利品，或是收藏已久的珍藏，與觀眾分享自己的品味；或是用影片記錄旅遊行程，包含景點、美食和住宿，讓觀眾有親身體驗的感覺。這類影片要能營造出一種「窺探」別人生活的好奇感，以強化閱聽眾感興趣的議題持續創作。

四、挑戰與鼓勵型影片

這類型的影片其特殊賣點可分為公關品牌抽獎、自費贈獎以及達成任務贈獎等，通常創作者會要求粉絲完成任務，像是在影片底下留言、tag 好友或分享，或是在實境的情況下提出挑戰並要求參與者完成才能獲得獎勵。比較靜態的則是針對創作者在達成一個里程碑時所開設 QA 時間，在這個時候介紹頻道背景、團隊成員、學經歷、及接受挑戰回答各種問題，並針對忠誠粉絲來給予互動及鼓勵。公關品牌抽獎主要以品牌合作為主，藉著分享最新資訊提升消費者互動；至於自費贈獎則為創作者自己推出，以購買或抓娃娃／盲盒等方式使粉絲獲得商品。

五、寵物相關主題型影片

創作者記錄家中寵物的各種可愛、搞笑、調皮模樣，運用創意的對白及劇情互動，增加閱聽眾的興趣，影片呈現手法通常有種療癒感，讓觀看者覺得有趣好玩，但也會有較嚴肅的話題，像是流浪動物的認養、生病，甚至是死亡的主題。除了常見的貓、狗、魚、

鳥系列影片，另外也有介紹一些較少見的異寵影片，包含爬蟲類、鼠類或是特殊少見的寵物，像是羊駝或是特殊原因合法照顧的保育類動物。也有創作者將寵物定位為網紅的經營模式，這時的影片中就很少或根本不會看見創作者本人，另外則是針對寵物餐廳與咖啡廳開箱，以及寵物相關產品的推薦也很常見。

六、專門特定內容型影片

這類影片常見的像是遊戲實況直播轉播，因為無論是關卡的難易度與強度，個人技術與組隊默契都會影響結果，透過創作者的直播說明可以讓觀眾感受到遊戲進行的樂趣。或是針對實驗主題拍攝影片，從實驗方法、實驗素材到結果呈現，吸引對科普有興趣的族群觀賞。另外也有針對影視作品、書籍評論的創作者，通常會用書籍電影簡化的方式呈現作品重點，讓觀眾在短時間內認識作品，也會提出自己的觀點，並點出作品是否適合推薦或避雷；以及特定單一主題的新手教學，讓感興趣但沒有基礎的觀眾，透過一系列的教學影片學習成長，未來還可以推出更進階的付費線上課程或顧問諮詢。

七、品牌建立主題型影片

有的創作者希望將自己的專業技術透過 YouTube 影音展示，包含戲劇表演、特技武術、相聲脫口秀、設計與模型作品等，同時讓觀眾產生學習興趣。也有將知識內容透過影像畫面搭配聲音的線上課程，有助於大家更快速的了解知識。這時，也因為創作團隊

的專業差異，使頻道呈現出不同的風格，像是針對理財分享專業知識，透過影片能讓觀眾好奇應如何投資理財增加收入，並在得知後尋求創作者的幫助。

也有創作者以主持人的身分自居，邀請不同領域的人士參與訪談，包含創業者、專業人士、其他領域的 KOL，增加觀眾對特定產業或品牌的了解。另外描述分析知名品牌的成功／失敗故事，針對特定時事或議題來提升話題性與關注度，或是為了凸顯創作者的個人特色，針對科幻、歷史故事或其他有趣的議題，以個人的觀點來陳述並加以詮釋。

6.5

打卡
評論

真實與意義

　　消費者的評論之所以有影響力，原因來自於提供資訊者的真實體驗，而非業者自己所宣稱或掌握了風向，因此對消費者的決策有一定程度的影響力。也因此，越多人會打卡或留下正面評論，就有機會為品牌帶來越多商機和正面形象。

　　因此不少業者會透過提供折扣優惠、免費贈品，或舉辦現場活動邀請明星出席，鼓勵消費者留下正面評論或五星好評。隨著時間累積，網路口碑會讓消費者的評論則數持續增加，同時也由於更多的消費者在社群上打卡，標註品牌的所在位置，也能達到網上觸及其他消費者的機會。

　　網路評論的數量越多，受到消費者討論的熱度就越高，這也能使參考評價的消費者採信這是許多人的所共同意見，選擇了能降低風險，即便產生認知落差，也能合理化自身的購買決定。當消費者越依賴打卡評論時，業者投入行銷資源的策略就更有效益。以促銷鼓勵消費者打卡時，消費者多半願意留下訊息，至於評論就應避免由店家刻意引導，盡量回歸消費者自動自發的行動。

　　消費者在打卡時通常會留下文字、照片或影片表達自己的感受，不但讓身邊的朋友能了解該品牌，甚至能透過社群媒體的搜尋功能，達到社群擴散與串聯效果。近年由網紅、名人的打卡，更形成另類的廣告效應，對於喜愛這些 KOL 的消費者來說，節省了查找資訊的時間，也減少了是否上店家消費的評估時間。

　　評論內容中的描述方式、字數長度、情緒表現及正負面觀點，都會影響消費者閱讀時的感受與判斷。

正反兩極的意見

近期在大眾媒體及社群上，有不少因為打卡評論的相關議題，有的是因為消費者不認同店家的服務，打了低分而與店家衝突，有的是網紅為了接案，誇大了打卡效益，進而與店家發生糾紛。但其中最離譜的，是店家為了報復消費者的打卡評論，進而肉搜打卡者的個人資料來並加以抨擊，本來作為反映店家服務與推薦的打卡評論，現在卻成了容易引爆的地雷。

先說說我自己親身經歷的經驗，某次為了辦活動而選了一家原本評論不錯的餐廳，特別是看好其器材設備及上餐速度；但實際上當天不但器材故障，上餐速度也慢到不合理，不過即便如此，因為老闆的態度很好，承辦同仁還是在打卡評論時給了 3 顆星的一般評價，店家也虛心接受並表示感謝。另外一個例子則是我認識的餐廳老闆，由於餐點好吃但需要較長的時間料理，因此每逢大型節慶就會接到消費者因久候給了低分打卡評論，不過店家仍然抱持正面的心態正常處理。

評論者的可信度

Google 於 2016 年推出了在地嚮導（Local Guides），使用者能透過 Google 地圖分享照片與評論，任務的積分能讓使用者提升在地嚮導的等級，Google 提供在地嚮導積分任務可藉由撰寫評論、分享相片、回答問題、添加或修改相關資訊，以及協助查證店家資訊的真實性等任務，來使用戶獲得相應的分數。網路評論的平均分數也會影響消費者上門的意願，會出現過低的評分有可能真的

是店家持續發生問題,但有時過高的分數卻也可能是因店家給予誘因,但實際上的產品與服務卻沒有真的這麼理想。

撰寫評論者的身分在一定程度上會對閱讀者產生不同的影響,例如評論者的職業背景、是否有公開的姓名和頭像、好友人數與追蹤人數,而越常就相關議題做出評論的評論者,因為累積評論數量與內容水平較高,其意見也更有參考價值。當消費者需要透過瞭解他人的消費經驗,才能判斷商品服務的好壞時,顯示評論對消費者的影響力大,好比要要求婚時消費者會上網搜尋「最適合求婚的餐廳」,得到搜尋引擎推薦的幾個目標時,勢必會仔細閱讀相關的評分與評論,畢竟透過大眾的評論至少能較客觀判斷並降低風險。

事實上,打卡評論的前提,不論是消費者或店家,都應該基於真實的原則來表達意見,有些消費者甚至會在二次或三次回訪時因店家有進步,而給予更高的打卡評論,也有店家會作出改善建議。這背後也就延伸出,不少店家希望能透過打卡評論增加新顧客,甚至帶來更好的品牌形象,而消費者希望的就是能降低踩雷的風險。

引發爭議的六大原因

業者可能藉由撰寫虛假的評論影響消費者的購買意願,提升消費者上門的購買機會,也可能針對競爭品牌,找寫手撰寫虛假的負面評論來降低消費者的購買意願,甚至造成品牌聲譽的損害。但有更多情況純粹只是因消費者個人對品牌的好惡,而撰寫虛假評論懲罰店家,引發新聞報導某業者對消費者的態度不佳,或老闆剋扣員工,這些都會影響尚未實際體驗店家產品服務的消費者,選擇不支持品牌。

會出現負面的文字評論可能是因為撰寫者一時抒發情緒，不盡然是產品或服務的本質不佳，但是負面評論較容易吸引媒體的注意引發話題。普遍來說當消費者覺得店家沒什麼不好時不一定會留下評論，但是若感到店家服務不如預期或是真有問題時，留下評論的機率反而就提升了。

　　藉由觀察近年打卡評論所發生的爭議，我歸納為以下的六個原因，寫於《元行銷：元宇宙時代的品牌行銷策略，一切從零開始》一書中，面對新時代的行銷危機，打卡評論不可忽視，是新時代必須具備的數位能力之一，以下我跟大家在此分享這六個爭議的重點內容。

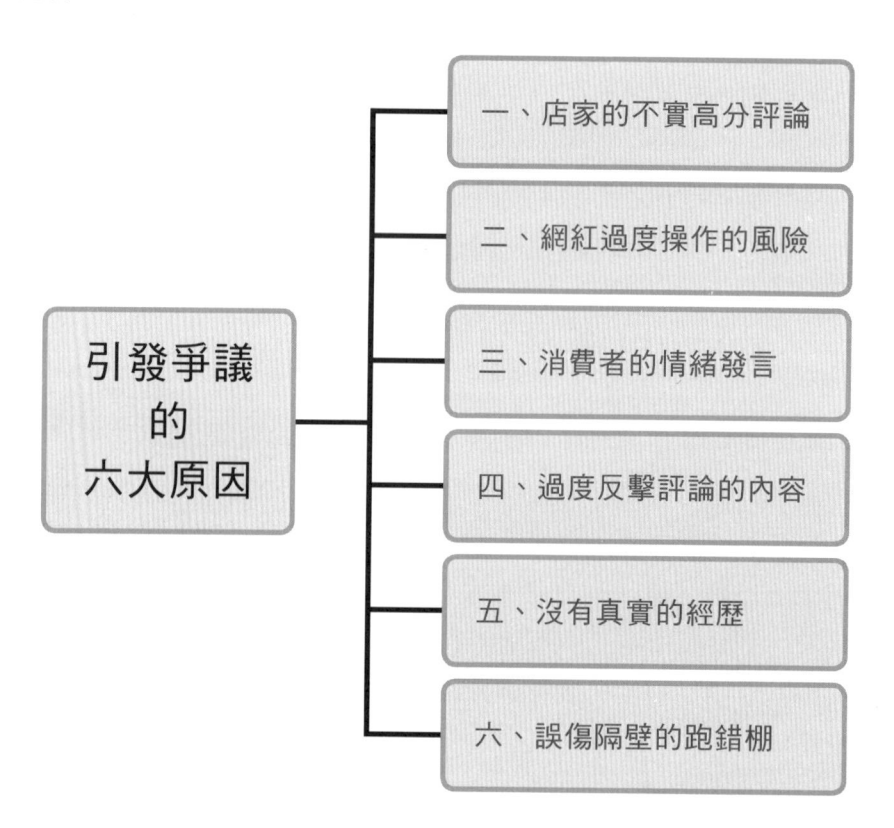

引發爭議的六大原因

- 一、店家的不實高分評論
- 二、網紅過度操作的風險
- 三、消費者的情緒發言
- 四、過度反擊評論的內容
- 五、沒有真實的經歷
- 六、誤傷隔壁的跑錯棚

一、店家不實的高分評論

　　不少店家在經營初期為了使打卡評論衝高，可能會選擇使用贈品或折扣等誘因，來提高消費者給予五星好評的機會，也有的是曾透過外部行銷公司的運作，帶來一段時間持續的正面評價與留言打卡；但是若回歸店家本身的產品、服務或價格並未能滿足消費者的常態需求時，打卡評論就可能持續下降。

二、網紅過度操作的風險

　　有少數網紅為了增加自己的影音內容，會刻意去蹭名店的熱度，甚至毛遂自薦提出業配方案，藉由廠商付費，享用免付費的優惠；但在消費者被網紅推薦吸引後，實際去店家消費卻發現名不符實，感到被騙。甚至有極少數的惡質人士，會威脅店家若不配合提出的方案，將惡意給店家較低評價，迫使店家接受敲詐。

三、消費者的情緒發言

　　顧客的消費評價本身可說是一體兩面，有的消費者認為須達到賓至如歸的體驗才能給店家五顆星，也有的人即使店家服務差強人意，還是會給四顆星加文字鼓勵；但是若仔細觀察，其實仍能發現不少名店的評論，即使整體評分高，還是有不認同店家的嚴厲文字，更有人吝於多言，直接給一星就結束評論。其實，會特別加上圖片或文字說明的通常是一般消費者，他們多半是就當下的體驗抒發正面或負面的情緒，不過當消費者在盛怒的情況下出現的打卡評

論，往往容易為雙方帶來爭端。

四、過度反擊評論的內容

「會翻車的店家或網紅，根本的原因是因為本來的人品就不好」，這些年我所授課輔導接觸的店家大概也有近千家，其中九成面對消費者的負面打卡評論多半是虛心接受並積極處理，但也有極少數店家認為應捍衛自己的名聲。只是當更進一步了解問題時，若店家不肯面對本身的問題而情緒失控，甚至想靠反擊來求諸公審時，問題都不見得真能解決，只是徒增更多消費者反感罷了。

五、沒有真實的經歷

吃瓜群眾常常會在一些爭議事件發生時，到店家下方留言及給予差評，也有人針對消費者原本的留言攻擊或口出惡言，但其實打卡評論本身，若涉及產品本身或服務內容，應該以真的到過現場親身體驗的打卡評論才有公信力，若只是針對店家品牌的情緒抒發，其實並非平台機制的合理應用，因此留言有可能被移除，但這也可能導致更多的糾紛。同樣的，此時若店家找人洗高評價，也是不道德甚至可能有虛假宣傳的風險。

六、誤傷隔壁的跑錯棚

之前曾發生過因店名相近被罵錯、老闆很兇會告人故只好在隔壁店家留言的案例，甚至是消費者在評論當時自己還不知道配料都

沉在麵線下面、政府規定不能提供一次性的杯子，或旅館因配合環保政策未主動提供一次性用品等；這些負面評論其實並不公平，也會導致糾紛，也因此，留言打卡的消費者本身更該謹慎，免得最後是自己的錯還死鴨子嘴硬。

消費者的參考習慣養成

以目前國內多數人的習慣而言，同時使用 Google 地圖搜尋店家，進而閱覽評分及留言的習慣已經養成，因此也有店家希望透過善用這個機制提供消費者更好選擇並同時獲益。不論是消費者、店家，還是網紅，都必須在公開的環境下審慎運作，應如實反應店家的真實情況。畢竟即使消費者在失望之餘留下負評，但在事發當時可是滿懷期待地去消費，對店家來說，只要消費評論不是惡意，這也是幫助自己進步的機會。

面對網紅及刻意操作帶來的打卡評論，店家自己也該反思，長久下來會不會因名實不符而成為未來的風險，在保護捍衛自己品牌的同時，也應對消費者的打卡評論多點包容。除了惡劣觸法的情況外，不應隨之起舞，不然當店家被激怒攻擊留言的消費者時，即便發洩了一時的情緒，負面形象也就此產生；畢竟除了打卡評論的消費者外，還須顧及社群媒體及大眾的自主觀感，否則將可能留下數位刺青的後遺症。

NOTES

NOTES

NOTES

【渠成文化】Brand Art 009

創新好商機
強化品牌優勢的未來獲利策略

作　　　者	王福闓
圖書策劃	匠心文創
發 行 人	陳錦德
出版總監	柯延婷
執行編輯	蔡青容
封面協力	L.MIU Design
內頁編排	邱惠儀
攝影／服裝	封面與內頁的攝影、服裝，由「西服先生」贊助。
E-mail	cxwc0801@gmail.com
網　　　址	https://www.facebook.com/CXWC0801
總 代 理	旭昇圖書有限公司
地　　　址	新北市中和區中山路二段 352 號 2 樓
電　　　話	02-2245-1480（代表號）
印　　　製	上鎰數位科技印刷
定　　　價	新台幣 420 元
初 版 一 刷	2024 年 9 月

ISBN 978-626-98393-8-4

版權所有・翻印必究　Printed in Taiwan